结构力学

主　编　张连英　戴　丽
副主编　马　林　李天珍

中南大学出版社
www.csupress.com.cn

普通高校土木工程专业系列精品规划教材

编审委员会

总　序

　　土木工程是促进我国国民经济发展的重要支柱产业。近30年来，我国公路、铁路、城市轨道交通等基础设施以及城市建筑进入了高速发展阶段，以高速、重载和超高层为特征的建设工程的安全性、经济性和耐久性等高标准要求向传统的土木工程设计、施工技术提出了严峻挑战。面对新挑战，国内外土木工程行业的设计、施工、养护技术人员和科研工作者在工程实践和科学研究工作中，不断提出创新理念，积极开展基础理论和技术创新，研发了大量的新技术、新材料和新设备，形成了成套设计、施工和养护的新规范和技术手册，并在工程实践中大范围应用。

　　土木工程行业的发展日新月异，对现代土木工程专业技术人才培养提出了迫切需求。教材建设和教学内容是人才培养的重要环节。为面向普通高校本科生全面、系统和深入阐述公路、铁路、城市轨道交通以及建筑结构等土木工程领域的基础理论和工程技术成果，由中南大学出版社、中南大学土木工程学院组织国内土木工程领域一批专家学者组成"普通高校土木工程专业系列精品规划教材"编审委员会，共同编写这套系列教材。通过多次研讨，确定了这套土木工程专业系列教材的编写原则：

1. 系统性

　　本系列教材以《土木工程指导性专业规范》为指导，教材内容满足城乡建筑、公路、铁路以及城市轨道交通等领域的建筑工程、桥梁工程、道路工程、铁道工程、隧道与地下工程和土木工程管理等方向的需求。

2. 先进性

　　本系列教材与21世纪土木工程专业人才培养模式的研究成果密切结合，既突出土木工程专业理论知识的传承，又尽可能全面反映土木工程领域的新理论、新技术和新方法，注重各领域内容的充实与更新。

3. 实用性

　　本系列教材针对"90"后学生的知识与素质特点，以应用型人才培养为目标，注重理论知识与案例分析相结合，传统教学方式与基于现代信息技术的教学手段相结合，重点培养学生的工程实践能力，提高学生的创新素质。这套教材可作为普通高校土木工程专业本科生的课程教材，还可作为其他层次学历教育和短期培训的教材和广大土木工程技术人员的专业参考书。

4. 严谨性

本系列教材的编写出版要求严格按照国家相关规范和标准执行，认真把好编写人员遴选关、教材大纲评审关、教材内容主审关和教材编辑出版关，尽最大努力提高教材编写质量，力求出精品教材。

根据本套系列教材的编写原则，我们邀请了一批长期从事土木工程专业教学的一线教师负责本系列教材的编写工作。但是，由于我们的水平和经验所限，这套教材的编写可能有不尽如人意的地方，敬请读者朋友们不吝赐教。编委会将根据读者意见、土木工程发展趋势和教学手段的提升，对教材进行认真修订，以期保持这套教材的时代性和实用性。

最后，衷心感谢全套教材的参编同仁，由于他们的辛勤劳动，编撰工作才能顺利完成。真诚感谢中南大学校领导、中南大学出版社领导的大力支持和编辑们的辛勤工作，本套教材才能够如期与读者见面。

2016 年 5 月

前　言

　　结构力学是土木工程专业开设的一门重要的专业基础课程，具有较强的理论性、系统性和实用性。结构力学是研究建筑结构的力学计算理论和方法的依据，也是从事建筑设计和施工的工程技术人员必不可少的理论基础。全书主要内容包括绪论、平面结构体系的几何组成分析、静定梁和静定刚架、三铰拱、静定平面桁架和组合结构、静定结构的影响线、杆件结构的虚功原理和位移计算、力法、位移法、渐近法。掌握结构力学的基本概念、基本原理和分析计算方法，不仅可为后续专业课程作准备，同时也为学生今后从事工程技术工作打下理论基础。

　　本书在编写过程中，根据高等教育大众化的特点和应用型院校对结构力学的教学要求，遵循高等教育人才培养目标的特点，从学生学习的实际需要出发，对结构力学的内容进行了精简，使教材具有针对性、实用性和适合应用型教育的特色。本书强调基本概念、基本理论和基本方法，重视宏观分析，降低计算难度，突出工程应用。本书插图力求清晰、规范、美观。所有插图均使用 AutoCAD 精心绘制，然后转成 1200 线的 TIF 图插入正文中。叙述深入浅出，通俗易懂，并配有相应的习题及答案，便于教师授课和学生自学。

　　本书的编写者有徐州工程学院李天珍、马林、张连英、李磊、智友海，南通理工学院戴丽。编写分工如下：张连英编写第 1 章、第 10 章，李天珍编写第 2 章、第 3 章，马林编写第 4 章、第 5 章，李磊编写第 8 章，戴丽编写第 6 章、第 7 章，智友海编写第 9 章。

　　本书在编写过程中参考了国内外一些优秀教材，选用了其中的部分例题和习题，吸取了它们的长处，在此对相关作者致谢。

　　教材建设是一项长期的工作，由于编者的水平和时间有限，书中难免存在不少缺点与不妥之处，衷心希望读者批评指正，以便使本书得到充实和完善。

编者

2016 年 8 月

目　录

第1章

绪 论

本章要点
结构力学的研究对象和内容；
结构的分类，结构计算简图形成的原则；
结点和支座的分类，荷载的分类。

1.1 结构力学的研究对象和内容

1.1.1 结构的概念及其分类

在土木、交通和水利工程中，凡是用建筑材料按照合理方式组合，能支承和传递荷载而起骨架作用，满足一定使用要求的物体或物体系统均称为工程结构，简称结构。如房屋建筑中的梁柱体系，水利建筑中的闸门和水坝，交通建筑中的桥梁和隧道等都是工程结构的典型例子，图 1-1 所示为工程结构实例。

(a) 高层楼房   (b) 塔

(c) 大跨度桥梁   (d) 别墅

图 1-1 工程结构实例

结构通常是由许多构件连接而成,如杆、柱、梁、板、壳等构件。结构的类型很多,结构的受力特性和承载能力与结构的几何特征关系密切。

结构按其几何特征通常分为三类:杆件结构、板壳结构和实体结构,如图1-2所示。

1. 杆件结构

这类结构由杆件所组成。杆件的几何特征是三个方向尺寸中的长度远大于其截面上两个方向的几何尺寸,如图1-3(a)所示。

2. 板壳结构

这类结构又称薄壁结构,几何特征是它的构件三个方向尺寸中的厚度远小于其余两个方向的几何尺寸。当薄壁结构为曲面时,则称为壳体。当薄壁结构为平面时,则称为薄板,如图1-3(b)、图1-3(c)所示。

3. 实体结构

这类结构的几何特征是三个方向尺寸中,长度、宽度和高度大致相当,如图1-3(d)所示。

(a) 杆件结构实例

(b) 板壳结构实例

(c) 实体结构实例

图1-2 结构实例

e

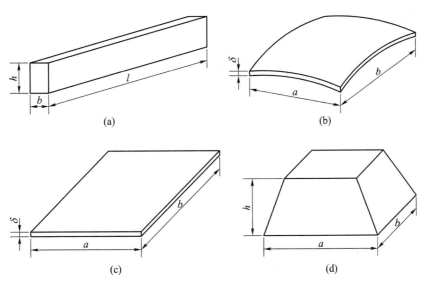

图 1 - 3　结构的分类

1.1.2　结构力学的研究对象

结构力学与理论力学、材料力学、弹性力学有着密切的关系。理论力学主要研究物体机械运动的基本规律，其余三门力学主要研究结构及其构件的强度、刚度、稳定性和动力反应等问题，其中材料力学以单个杆件为主要研究对象，结构力学以杆体系结构为主要研究对象，弹性力学以板壳结构和实体结构为主要研究对象。

学习结构力学课程要坚持理论与实践相结合的原则。要注意观察实际结构的构造，分析结构的受力特点，思考如何利用所学的理论知识解决实际结构的力学问题，才能深刻理解所学内容、掌握课本知识。

1.1.3　结构力学的研究内容

结构力学主要研究结构的组成和合理形式及结构在荷载作用、温度变化、支座移动等外因作用下的结构内力和变形，以及结构的强度、刚度和稳定性的计算原理和计算方法。结构力学的主要内容可归纳为如下几个方面：

（1）结构的组成规律、合理形式以及结构计算简图的合理选择。其目的是使结构能承受荷载并保持平衡，有效地利用材料，并充分发挥材料的性能。

（2）结构在荷载作用、温度变化、支座移动等外因作用下的内力、变形和位移计算。其目的是为结构的强度和刚度计算提供原理和方法，以保证结构满足安全、经济和适用的要求。

（3）结构的稳定性，确定结构丧失稳定性的最小临界荷载。其目的是保证结构处于稳定的平衡状态而正常工作。

（4）结构在动力荷载作用下的动力特征。其目的是为结构抗震设计提供理论基础。

本书主要介绍结构力学中最基本的计算原理和计算方法，这些内容是解决一般常用结构的静力计算问题所必需的，也是进一步学习和掌握其他现代结构分析方法的基础。

1.2 结构的计算简图

实际工程结构比较复杂，按照结构的实际情况进行力学计算比较困难，也没有必要。因此，进行力学分析时，必须选用一个能反映结构主要工作特性、计算起来又相对比较容易的简化模型来代替实际结构，这种既能反映真实结构的主要特征，又便于计算的简化模型称为结构计算简图。它是实际结构略去不重要的细节、能显示其基本特点的简化图形。

由实际结构简化为结构计算简图，简化的原则为：

（1）从实际出发，能反映实际结构的主要性能，使计算结构能接近实际情况。

（2）分清主次，略去次要因素，便于计算。

1.2.1 体系的简化

实际结构一般都是空间结构，各部分相互连接形成一个整体，以承受各种荷载的作用。对于空间结构进行力学分析往往比较复杂，工作量较大。在一定条件下，可抓住实际结构受力情况的主要因素，略去次要因素，将其分解、简化为平面结构，使计算得到简化。本书主要研究平面结构。

1.2.2 杆件的简化

因杆件的截面尺寸通常比杆件的长度小得多，在计算简图中，杆件用其轴线来表示。如梁、柱等构件的轴线为直线，则用相应的直线来表示。如曲杆的轴线为曲线，则用相应的曲线来表示。

1.2.3 结点的简化

结构中两个或两个以上杆件的共同连接处称为结点。

对于各种结构，如钢筋混凝土结构、钢结构、木结构等，结点的构造方式虽然很多，但结点的计算简图有三种基本的类型：铰结点、刚结点和组合结点。

1. 铰结点

结点上的各杆用铰链相连接，所连接的各杆都可以绕结点相对转动，但不能相对移动。杆件受荷载作用产生变形时，结点上各杆件端部的夹角会发生改变。图 1-4(a) 所示 A 点为铰结点。在铰结点处，只能承受和传递力，不能承受和传递力矩。木结构的屋架结点就可以简化为铰结点。

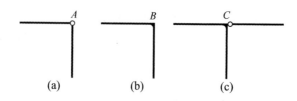

图 1-4 结点的简化

2. 刚结点

结点上的各杆刚性连接,所连接的各杆不能绕结点相对转动,也不能相对移动。杆件受荷载作用产生变形时,结点上各杆件端部的夹角保持不变,即结点上各杆件的端部都有一相同的旋转角。图 1－4(b)所示 B 点为刚结点。在刚结点处,不但能承受和传递力,而且能承受和传递力矩。现浇钢筋混凝土框架的结点就可以简化为刚结点。

3. 组合结点

由铰结点和刚结点在一起形成的结点为组合结点。图 1－4(c)所示 C 点为组合结点。

1.2.4 支座的简化

把结构与基础或其他支承物连接起来的装置称为支座。常见的平面结构支座有:固定铰支座、可动铰支座、固定端支座、定向滑动支座。支座的简化可根据实际构造和约束情况进行。

1. 固定铰支座

用铰链约束将结构或构件与基础或静止的结构物连接起来,这样就构成了固定铰支座。图 1－5(a)所示为一个固定铰支座,它将构件与基础连接起来,限制了构件的水平和铅直方向的移动,使构件只能绕支座转动,通常用图 1－5(b)或图 1－5(c)表示,因此,固定铰支座有一个约束力 F_R,且 F_R 可以用一个水平反力 F_{Ax} 和一个铅直反力 F_{Ay} 来代替,即固定铰支座可以用两个相互垂直的约束力表示。

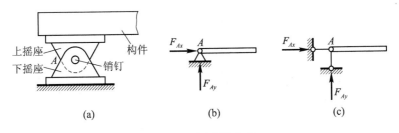

图 1－5 固定铰支座

固定铰支座的约束力用 F_{Ax} 和 F_{Ay} 表示。

在建筑结构中,如果梁插入墙内少许,柱与基础间空隙填入沥青、麻丝等都可用固定铰支座代替。

2. 可动铰支座

在固定铰支座的下面加上滚轴,使构件在支座处有沿支承面移动的可能,这种支座称为可动铰支座,其约束性质与光滑接触面相同,只能限制物体沿支承面法线方向指向约束内部的运动,不能限制沿支承面方向的运动和背离支承面的运动,同时,也不能限制物体绕销钉的转动,如图 1－6(a)所示。

可动铰支座约束力,垂直于支承面,通过铰链中心指向被约束物体,如图 1－6(b)或图 1－6(c)所示。由于可动铰支座与链杆的性质有相同之处,有时也称为链杆约束。

3. 固定端支座

既能限制物体移动,又能限制物体转动的约束的支座称为固定端支座。当物体受到荷载

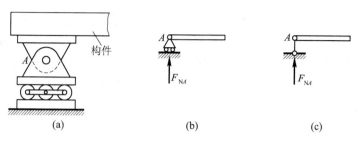

图 1-6 可动铰支座

作用时,这种支座除了产生水平反力 F_{Ax} 和铅垂反力 F_{Ay} 外,还将产生一个限制物体转动的反力偶 M。因此固定端支座的约束力是两个相互垂直的分力 F_{Ax}、F_{Ay} 和一个力偶 M_A。

如用混凝土浇筑于环形基础内的预制钢筋混凝土柱子,它的支座便可视为固定端支座。

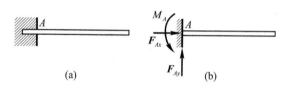

图 1-7 固定端支座

图 1-7(a)所示为一固定端支座,其受力如图 1-7(b)所示,约束力 F_{Ax} 和 F_{Ay} 对应于约束限制移动的位移,约束力偶 M_A 对应于约束限制转动的位移。

4. 定向支座

构件用两根等长且平行的链杆与基础相连接,就形成定向支座。如图 1-8(a)和图 1-8(b)所示,这种支座允许杆端沿与链杆垂直的方向移动,阻止了沿杆件方向的移动和转动。因此,定向支座的约束有一个沿链杆方向的力 F 和一个力偶 M_A,如图 1-8(c)和图 1-8(d)所示。

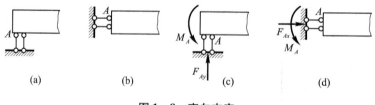

图 1-8 定向支座

应当注意的是,铰链、链杆、固定铰支座、可动铰支座、固定端支座和定向支座都只能确定约束力作用线的位置,而不能确定其指向,以上所述约束力的方向都是假设的,实际约束力的方向应当根据具体情况确定。只有柔性约束和光滑面约束无须计算就能确定约束力的作用线位置和方向。

1.2.5 荷载的简化

实际结构所承受的荷载，一般是作用在结构内各处的体荷载(如自重和惯性力等)，以及作用在结构某一表面上的面荷载(如风压力、水压力和车辆的轮压力等)，在计算简图中，不管是体荷载还是面荷载都可以把它们简化到作用在构件轴线上。根据荷载的分布情况，一般可以简化为分布荷载、集中荷载和集中力偶。

1.2.6 结构计算简图简化实例

图 1-9(a)所示为一工业厂房结构图。该厂房由屋架、柱和基础等组成。下面分别分析屋架、柱子和整体结构的计算简图。

由上面所述的简化原则和方法可以进行如下简化：屋架的杆件用轴线表示；屋架杆件之间的结点简化为铰结点；屋架上的荷载可简化为集中荷载且作用在结点上；由于屋架与立柱的连接，使屋架不能左右移动，但在温度变化时，仍可以自由伸缩，因此，可将其一端简化为固定铰支座，另一端简化为可动铰支座。计算简图如图 1-9(b)所示，该结构也称为桁架。

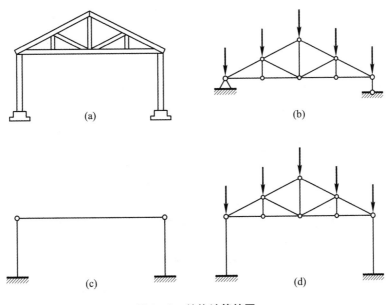

图 1-9 结构计算简图

在分析柱子的计算简图时，可以将屋架用实体杆代替，并且将立柱及屋架的实体杆均以轴线表示，柱与基础的连接用固定端支座表示。计算简图如图 1-9(c)所示，该结构称为排架。

整体结构的计算简图如图 1-9(d)所示。

怎样才能恰当地选取实际结构的计算简图，是结构设计中比较复杂的问题，不仅要掌握上面所述的两个原则和方法，而且需要有较多的实践经验。对于一些新型结构往往还要通过反复的试验和实践，才能获得比较合理的计算简图。

1.3 杆件结构的分类

本书主要研究平面杆系结构,根据结构组成特征和受力特点,通常可将其分为以下几种类型。

1. 梁

梁是一种受弯构件,它的轴线通常为直线。当只有垂直于梁轴线的平面内的竖向荷载时,梁横截面上的内力有弯矩和剪力,没有轴力。梁有单跨梁,如图 1 – 10(a)、图 1 – 10(b) 所示;还有多跨梁,如图 1 – 10(c)、图 1 – 10(d) 所示。

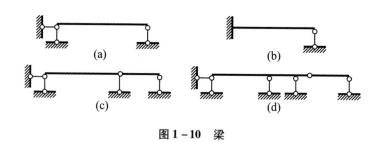

图 1 – 10 梁

2. 刚架

如图 1 – 11 所示,由直杆组成并有刚结点连接,也可以有部分铰结点。刚架中各杆件以弯曲变形为主,截面上内力有弯矩、剪力和轴力。

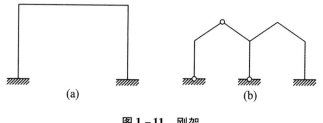

图 1 – 11 刚架

3. 拱

拱的轴线一般为曲线,拱在竖向荷载作用下支座处会产生水平推力,由此可以减小拱截面内的弯矩和剪力,但截面上会有较大的轴力,如图 1 – 12 所示。

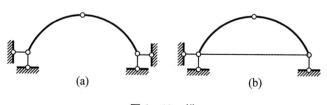

图 1 – 12 拱

4. 桁架

如图 1 – 13 所示,桁架由直杆组成,所有结点均为铰结点。当只受到作用在结点上的集中荷载时,各杆截面上只有轴力。

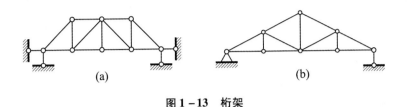

图 1 – 13 桁架

5. 组合结构

组合结构是由桁架与梁或者桁架与刚架组合在一起的结构,其中包含组合结点。如图 1 –14 所示,

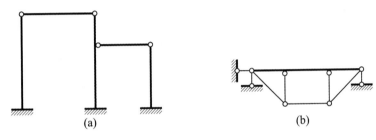

图 1 – 14 组合结构

1.4 荷载的分类

在工程实际中,结构受到的荷载是多种多样的,为了便于分析,以下将从不同的角度,对荷载进行分类。

1.4.1 按荷载作用的范围分类

荷载按其作用的范围可分为分布荷载和集中荷载。

1. 分布荷载

分布荷载是指分布作用在结构体积、面积和线段上的荷载,分布荷载又可分为均布荷载和非均布荷载。图 1 –15(a)所示为梁的自重,荷载连续作用,荷载集度大小相同,这种荷载称为均布荷载。梁的自重是以单位长度重量来表示,单位是 N/m 或 kN/m,又称为线均布荷载。图 1 –15(b)所示为板的自重,也是均布荷载,它是以单位面积重量表示的,单位是 N/m^2 或 kN/m^2,故又称为面均布荷载。图 1 –15(c)所示为一水池,池壁受到水压力作用,水压力的大小与水深成正比,这种荷载形成一个三角形的分布规律,即荷载连续作用,但各处大小不同,称为非均布荷载。

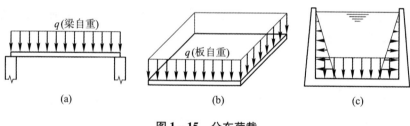

图 1-15   分布荷载

2. 集中荷载

集中荷载是指作用在结构上的荷载一般总是分布在一定的面积上，当分布面积远小于结构的尺寸时，则可认为此荷载是作用在结构的一点上，称为集中荷载。如吊车的轮子对吊车梁的压力、屋架传给砖墙或柱子的压力等，都可认为是集中荷载。其单位一般用 N 或 kN 来表示。

1.4.2 按荷载作用的时间分类

荷载按其作用在结构上的时间长短分为恒荷载和活荷载。

1. 恒荷载

恒荷载是指作用在结构上的不变荷载，即在结构建成以后，其大小和位置都不再发生变化的荷载，例如结构的自重。

2. 活荷载

活荷载是指在施工和建成后使用期间可能作用在结构上的可变荷载。所谓可变荷载，就是这种荷载有时存在，有时不存在，其作用位置和范围可能是固定的(如风荷载、雪荷载、教室的人群重量等)，也可能是移动的(如吊车荷载、桥梁上行驶的车辆等)。不同类型的房屋建筑，因其使用情况不同，活荷载的大小就不同。各种常用的活荷载，在《工业与民用建筑结构荷载规范》中都有详细的规定。

1.4.3 按荷载作用的性质分类

荷载按其作用在结构上的性质分为静力荷载和动力荷载。

1. 静力荷载

静力荷载是指荷载从零慢慢增加至最后的确定数值后，其大小、位置和方向就不再随时间而变化的荷载，如结构的自重荷载。

2. 动力荷载

动力荷载是指大小、位置、方向随时间而迅速变化的荷载。在这种荷载作用下，结构上各点产生显著的加速度，因此，必须考虑惯性力的影响，如动力机械产生的荷载、地震荷载等。

以上是从三种不同角度将荷载分为三类，但它们不是孤立无关的，例如结构的自重，它既是恒载，又是分布荷载，也是静力荷载。

本章小结

(1)结构按其几何特征通常分为三类：杆件结构、板壳结构、实体结构。结构力学的研究对象为杆件结构。结构力学的主要内容可归纳为如下几个方面：结构的组成规律、合理形式以及结构计算简图的合理选择；结构在荷载作用、温度变化、支座移动等外因作用下的内力、变形和位移计算；结构的稳定性计算；结构在动力荷载作用下的动力特征。本书主要介绍结构力学中最基本的计算原理和计算方法。

(2)结构的计算简图：既能反映真实结构的主要特征，又便于计算的简化模型称为结构计算简图。

简化的原则：从实际出发，能反映实际结构的主要性能，使计算结构能接近实际情况；分清主次，略去次要因素，便于计算。

(3)结构的计算简图中常用的支座和结点的简化。

(4)杆件结构的分类：梁、刚架、拱、桁架和组合结构。

(5)荷载按作用的范围可分为分布荷载和集中荷载，按作用在结构上的时间长短分为恒荷载和活荷载，按荷载作用的性质分为静力荷载和动力荷载。

思考与练习

1-1　建筑物中的梁和柱、挡水坝、大型的储气罐分别是什么类型的结构？

1-2　结构力学的研究对象是什么？试举例说明。

1-3　什么是结构的计算简图？如何确定结构的计算简图？

1-4　结构的计算简图中常用的支座和结点有哪些类型？

1-5　杆件的自重是集中荷载还是分布荷载？是恒荷载还是活荷载？是静力荷载还是动力荷载？

第 2 章

平面体系的几何组成分析

本章要点

几何不变体系和几何可变体系的基本概念；

组成分析中自由度和约束等概念；

杆件体系几何组成分析的基本规则和分析方法；

静定结构与超静定结构在几何组成上的区别。

作为用来承受、传递荷载起骨架作用的结构，在荷载作用下，如果不考虑体系中材料的应变，必须能维持自身位置和几何形状的不变。

建筑工程设计计算时，必须首先对杆件体系的几何组成进行分析，以确定该体系是否能作为结构使用，发挥承受、传递荷载的功能。几何组成分析是从运动学的角度，研究杆件如何布置才能组成牢固的结构。几何组成分析又称为机动分析或几何构造分析。在体系受到任意荷载作用后，体系会因为材料产生应变而发生变形。由于这种变形微小，所以在几何组成分析中忽略体系各杆件由于材料应变而产生的变形，从而假设杆件是刚性的。

2.1 几何不变体系和几何可变体系

工程中的杆件体系可分为几何不变体系和几何可变体系两类。在任意荷载作用下，即使不考虑材料的应变，体系的形状和位置也会发生改变的体系称为几何可变体系，如图 2－1(a)所示。反之，在任意荷载作用下，只要不发生破坏，形状和尺寸就不发生改变的体系称为几何不变体系，如图 2－1(b)所示。图 2－1 中杆件体系之所以可由几何可变体系转变为几何不变体系是因为增加了链杆 3(图 2－1 中 1、2 也为链杆)。结构是用来承受和传递荷载的，所以必须是几何不变体系。

几何组成分析的目的是：

(1)判断给定的体系是否为几何不变体系，从而判定该体系能否作为结构。

(2)研究几何不变体系的组成规则，保证将若干离散的杆件装配成能承受传递荷载而维持平衡的结构。

(3)判断体系为静定结构或超静定结构，从而采用相应的方法进行结构的内力计算。

(4)了解结构各部分之间的构造关系，提高和改善结构的性能。在某些情况下，根据几何组成分析判断结构的基本部分和附属部分，从而选择适当的计算次序简化计算。

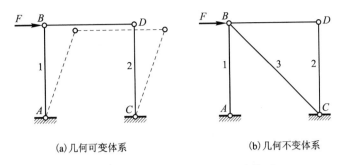

(a)几何可变体系　　　　　　　(b)几何不变体系

图 2 - 1　几何可变体系与几何不变体系

2.2　几何组成分析的相关概念

2.2.1　刚片

在结构体系中，刚片是指一个在平面内可以看作刚体的物体，其几何形状和尺寸不变。因此，在平面体系中，当不考虑材料的变形时，每个杆件都是刚体，一根梁、一根链杆或者在体系中经判断已确定为几何不变的部分都可以看作是一个刚片。支承体系的地基也可以作为一个刚片处理。

2.2.2　自由度

体系在运动时，用以完全确定其在平面内位置所需的独立坐标的数目称为自由度。下面通过点和刚片在平面内自由运动的情况说明自由度的概念。

(1)一个点的自由度：一个点在平面内运动时，需要两个独立坐标 x、y 即可确定其位置，如图 2 - 2(a)所示。由此可知平面内一个点有两个自由度。

(2)一个刚片的自由度：一个刚片在平面内运动时，需要三个独立的坐标 x、y 和 α 即可确定其位置。如图 2 - 2(b)所示，平面内有一个刚片 AB，若先固定 A 点，则需 x、y 两个坐标，但此时，刚片 AB 在平面内可以绕 A 点自由转动，若再固定刚片上 AB 直线的倾角 α，则刚片 AB 的位置可以完全确定。由此可知平面内一个刚片有三个自由度。

前面提到，地基可以看作是一个刚片，但这种刚片是不动刚片，其自由度为零。

一般来说，如果一个体系有 n 个独立的运动方式，这个体系就有 n 个自由度。凡自由度大于零的体系都是几何可变体系，工程结构应是几何不变体系，其自由度小于或等于零。

2.2.3　约束

对物体的运动起限制作用的装置称为约束或联系。约束是杆件体系与基础、杆件与杆件之间的联结装置。杆件体系内加入联结装置使各杆之间的相对运动受到限制，约束将减少体系的自由度。因此，约束是使体系自由度减少的装置。减少一个自由度的装置称为一个约束；减少 n 个自由度的装置称为 n 个约束。

以下讨论常见的约束对体系自由度的影响。显然，不同种类的约束对体系自由度减少的

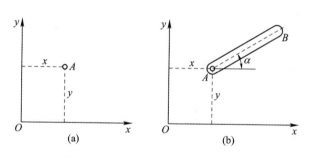

图 2 - 2 平面内动点、刚片的自由度

数量是不同的。

1. 链杆约束

链杆是两端用铰与其他物体相连的刚性杆件。在进行几何组成分析时，链杆与刚性杆件的形状无关，刚性杆件可以是直杆、折杆或者曲杆。链杆只限制与其联结的刚片沿链杆两铰连线方向上的运动。因此，1 根链杆相当于 1 个约束，减少体系的 1 个自由度。如图 2 - 3(a) 所示，平面内刚片在和基础用链杆联结之前有 3 个自由度，联结以后，只用两个独立坐标 α 和 β 即可确定刚片在平面内的位置。因此，1 根链杆减少 1 个自由度。再如图 2 - 3(b) 所示，用 1 根链杆联结刚片 I 和刚片 II。未联结之前，每个刚片有 3 个自由度，两个刚片共有 6 个自由度。联结以后，对刚片 I 而言，其位置需用刚片上 A 点的坐标 x_A、y_A 和 AB 连线的倾角 α 来确定。因此，刚片 I 有 3 个自由度，刚片 II 的位置可由坐标 β、γ 确定，体系的自由度为 $6 - 1 = 5$，两个刚片用 1 根链杆联结后，就减少了 1 个自由度。

可动铰支座和链杆的约束作用相同。

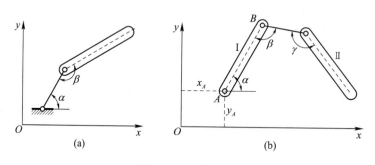

图 2 - 3 链杆约束

2. 铰约束

铰约束按联结方式不同分为单铰和复铰。

（1）单铰：联结两个刚片的铰称为单铰。1 个单铰使体系减少两个自由度。如图 2 - 4 所示，用 1 个单铰联结刚片 I 和刚片 II。未联结之前，两个刚片共有 6 个自由度。联结以后，对刚片 I 而言，有 3 个自由度，刚片 II 的位置可由坐标 β 确定，体系的自由度为 $6 - 2 = 4$，两个刚片用 1 个单铰联结后，就减少了两个自由度。所以说，一个单铰相当于两个约束，也相当于两根链杆的作用；反之，两根链杆也相当于 1 个单铰的作用。

固定铰支座和单铰的约束作用相同。

（2）复铰：联结两个刚片以上的铰称为复铰。如图 2 – 5 所示，用 1 个复铰联结 4 个刚片 Ⅰ、Ⅱ、Ⅲ和 n。未联结之前，4 个自由刚片共有 12 个自由度。联结以后，对刚片 Ⅰ 而言，有 3 个自由度，刚片 Ⅱ、Ⅲ和 n 的位置可由彼此之间的夹角确定。所以，体系的自由度为 $12 - 6 = 6$，4 个刚片用 1 个复铰联结后，就减少了 6 个自由度。因此，联结 4 个刚片的复铰相当于 3 个单铰的作用。一般来说，联结 n 个刚片的复铰相当于 $(n-1)$ 个单铰的作用，也相当于 $2(n-1)$ 个约束，减小体系 $2(n-1)$ 个自由度。

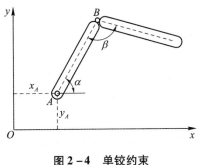

图 2 – 4　单铰约束

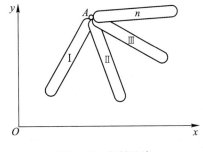

图 2 – 5　复铰约束

如图 2 – 6 所示，刚片 Ⅰ、Ⅱ间用两根链杆联结，两根链杆的延长线交于 P 点，这样刚片 Ⅰ、Ⅱ之间的运动只能是绕 P 点的相对转动。两链杆的作用与在 P 点的一个铰的作用相同，称 P 点为虚铰。当两个刚片用不平行的两根链杆相互联结时，两根链杆延长线的交点就是虚铰。相当于一个单铰的作用。

用于联结两个刚片的两根链杆，在链杆端部直接相交，称该铰为实铰，如图 2 – 7 所示。实铰和虚铰，其约束作用都相当于一个单铰。虚铰的位置随刚片的转动而改变，所以虚铰是两个刚片相对转动的瞬心，也称为瞬铰。当联结两个刚片的两根链杆相互平行时，两链杆轴线延长后交于无穷远处，称为无穷远虚铰，也相当于一个单铰的作用。

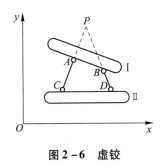

图 2 – 6　虚铰

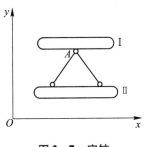

图 2 – 7　实铰

3. 刚性约束

如图 2 – 8(a) 所示，刚片 Ⅰ 和刚片 Ⅱ 以刚性联结的方式联成一体，这种约束称为刚性约束。在用刚性约束联结之前，两个刚片共有 6 个自由度。两者刚性联结后，刚片 Ⅰ 和刚片 Ⅱ 之间不发生任何形式的相对运动，构成一个扩大的刚片。扩大后刚片的自由度为 $6 - 3 = 3$，两个刚片用一个刚性约束联结后,减少了 3 个自由度。因此,一个刚性联结能减少 3 个自由度,相当于 3 个约束。如图 2-8(b)、图 2-8(c)所示,刚性联结可以用链杆或铰约束替换。

固定端支座和刚性约束的作用相同。仅联结两个刚片的刚结点称为单刚结点。

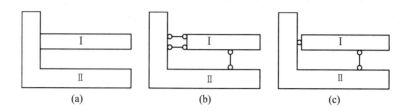

(a)　　　　　　(b)　　　　　　(c)

图 2-8　刚性联结及约束间的替换

4. 非多余约束和多余约束

如图 2-9(a) 所示平面体系,自由点 A 在加链杆约束前,在平面内有两个自由度。用两根不共线的链杆 AB 和 AC 把点 A 联结到基础上,点 A 的两个自由度均被限制,即点 A 被固定,因此减少了两个自由度。这两根链杆都是非多余约束。两根链杆对于固定点 A 在平面内的位置不可缺少,又称其为必要约束。如果在体系中再增加一个约束,体系的自由度并不因此而减少,此约束称为多余约束。如图 2-9(b)所示平面体系,三根链杆中只有两根是必要约束,有一根是多余约束,因为去掉三根链杆中的任何一根都不会改变点 A 自由度为零的事实。

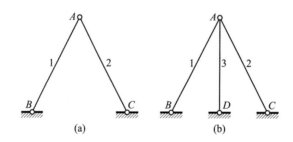

(a)　　　　　　　(b)

图 2-9　非多余约束与多余约束

2.3　几何不变体系的基本组成规则及应用

本节讨论无多余约束的几何不变体系的组成规则。按规则组成的体系几何不变且所有约束均为必要约束。在这样的体系中,去掉任何一个约束,几何不变体系均变为几何可变体系。

2.3.1　几何不变体系的基本组成规则

几何不变体系的基本组成规则有二元体规则、两刚片规则和三刚片规则。

1. 二元体规则

用两根不在同一直线上的链杆联结一个新铰结点的装置,称为二元体,如图 2－10 中的结点 A 和链杆 AB、AC 组成的就是二元体。图中刚片 I 增加了一个二元体 B—A—C,原刚片有三个自由度,增加点 A 后,就增加了两个自由度,而这两个自由度正好被不共线的两根链杆约束减少。因此,在一个体系上,增加或减少一个二元体,并不改变原体系的自由度,即二元体规则:在体系上依次增减二元体不改变原体系的几何组成性质。

利用二元体规则,可使某些体系的几何组成分析得到简化,也可直接对某些体系进行几何组成分析。

要注意的是:链杆有直杆、曲杆、折杆等多种形式,因此二元体的形式也有多种,但作为约束,其作用是相同的。

2. 两刚片规则

在图 2－10 中,如果将链杆 AB 看作刚片 II,就得到图 2－11(a)所示的体系,它表示刚片 I 和刚片 II 之间的联结,即

两刚片规则 I:两个刚片用一个实铰和轴线及延长线均不过该铰的链杆相连,组成几何不变体系且无多余约束,如图 2－11(b)所示。

两刚片规则 II:两个刚片用三根不全平行也不交于一点的链杆相连,组成几何不变体系且无多余约束,如图 2－11(c)所示。

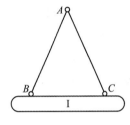

图 2－10　二元体规则

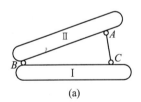 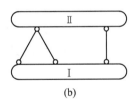 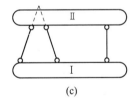

　　　　(a)　　　　　　　　　(b)　　　　　　　　　(c)

图 2－11　两刚片规则

3. 三刚片规则

在图 2－11(a)中,如果将链杆 AC 看作刚片 III,就得到图 2－12(a)所示的体系,它表示

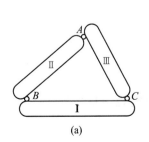 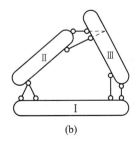

　　　　　(a)　　　　　　　　　　　(b)

图 2－12　三刚片规则

刚片Ⅰ、刚片Ⅱ和刚片Ⅲ之间的联结，即三刚片规则：三刚片用三个铰两两相连，且三个铰不在一条直线上，则组成几何不变体系且无多余约束。

两两相连的铰也可以是由两根链杆组成的实铰或虚铰，如图 2-12(b)所示。

2.3.2 瞬变体系

在上述几个规则中，介绍了无多余约束几何不变体系的组成规则，每个规则都具体规定了约束数目和约束布置限制条件，如三刚片规则，要求约束数目是三个铰，约束布置的限制条件是三铰不共线，才能组成没有多余约束的几何不变体系。如果三铰在同一条直线上，会发生什么情况呢？如图 2-13(a)所示，AB 和 AC 两链杆作为两刚片，用铰 A 相联结，又分别通过铰 B、铰 C 与基础相联结，此时铰 A、铰 B 和铰 C 共线。当铰 A 上作用一集中力 F 时，如图 2-13(b)所示，A 点就能以 B、C 为圆心，以 AB、AC 为半径作一微小的移动，移动后三铰便不在同一直线上，于是满足了组成没有多余约束几何不变体系的三刚片规则，成为几何不变体系。在发生微小位移后，由几何可变体系变成几何不变体系，原几何可变体系称为瞬变体系，它是几何可变体系的一种特殊形式。工程中不允许将瞬变体系当作结构来使用。

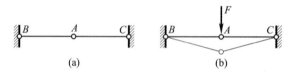

图 2-13 瞬变体系

一般来说，按照平面几何不变体系的组成规则构成平面体系时，约束数量符合相关规则要求，约束的布置不符合相应限制条件，通常形成瞬变体系。常见的瞬变体系有以下几种：

(1)两刚片由三根轴线延长线交于一点的链杆联结，组成瞬变体系，如图 2-14(a)所示。

(2)两刚片由三根相互平行且不等长的链杆联结，组成瞬变体系，如图 2-14(b)所示。

(3)三刚片由三个共线的单铰联结，组成瞬变体系，如图 2-13(a)所示。

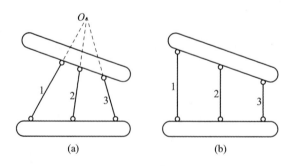

图 2-14 瞬变体系的情况

2.3.3 基本组成规则的应用

对杆件体系进行几何组成分析的依据是前述的三个规则。如果体系的几何组成符合三个几何不变体系组成规则中的任何一个，则该体系就是几何不变体系。凡是符合三个几何组成规则且存在多余约束的体系，就是有多余约束的几何不变体系。

杆件体系的组成千变万化，但分析其几何组成的规则只有三个，三个规则简单易懂，难点在于正确灵活应用。

几何组成分析的方法如下。

1. 三个规则的简单直接应用

1）二元体规则的应用

如图 2 – 15(a) 所示的三角桁架，用不在一直线上的两根链杆将一点和基础相联结，构成没有多余约束的几何不变体系。也可将基础、1 杆、2 杆看作三个刚片，通过 A、B、C 不同在一条直线上的三个铰两两联结组成没有多余约束的几何不变体系。如图 2 – 15(b) 所示桁架，是由从基础出发，依次增加二元体组成的没有多余约束的几何不变体系。也可以看成是从二元体 1—G—2 开始，依次拆除二元体后剩余基础部分组成没有多余约束的几何不变体系（支座 A 处链杆和杆 13、B 处两根链杆均可看作二元体）。

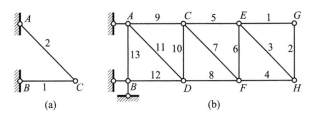

图 2 – 15　二元体规则的应用

一般情况下，在进行体系几何组成分析前，首先均可利用二元体规则拆除体系中所有的二元体对体系进行简化。

2）两刚片规则的应用

如图 2 – 16(a) 所示的简支梁，用不完全平行且不完全交于一点的三根链杆 1、2、3 与基础相联结，由两刚片规则可知它们组成没有多余约束的几何不变体系（也可将体系看作是由基础上搭建二元体 1—A—2、A—B—3 组成，得到相同的结论）。

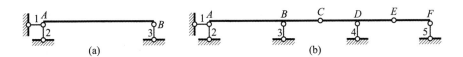

图 2 – 16　两刚片规则的应用

如图 2 – 16(b) 所示三跨梁，梁 AC 部分通过 1、2、3 三根链杆与基础联结组成几何不变体系，此时就可以将 ABC 和基础看作一个扩大的刚片，梁 CDE 通过铰 C 和链杆 4 与第一次扩大的刚片形成一个二次扩大的刚片，在此基础上再通过铰 E 和链杆 5 将 EF 梁固定，整个体系是没有多余约束的几何不变体系（显然，上述体系的几何组成分析最简便方法应该是将 E—F—5、C—E—4、A—C—3、1—A—2 均看作二元体拆除，或从基础出发搭建，得到相同的结论。也可以在拆除掉二元体 E—F—5、C—E—4 后，将梁 AC 和基础看作两个刚片，由 1、

2、3 三根不汇交于一点的链杆联结)。

3)三刚片规则的应用

如图 2 - 17(a)所示的三铰刚架,通过 A、B、C 三个不共线的铰将刚片 AC、CB 和第三个刚片基础两两联结,组成没有多余约束的几何不变体系。图 2 - 17(b)所示体系中,将三铰刚架 ABC 和基础看作一个扩大的刚片,在此基础上,继续用三刚片规则组成没有多余约束的几何不变体系(图中杆件体系也可用二元体规则进行分析)。

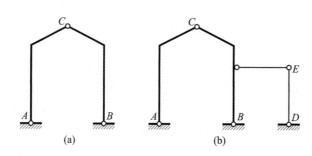

图 2 - 17   三刚片规则应用

上述杆件体系,均根据三个组成规则直接观察出几何组成规则,是几何组成三个规则的最基本应用。同一个体系,可以通过确定不同的刚片、约束用不同的规则进行分析,但对于同一个体系,其几何组成分析的结论应该是相同的。

2. 利用等效替换进行几何组成分析

如图 2 - 18(a) 所示体系,一端与基础联结、一端与刚片联结的链杆有 4 根,基础在几何组成分析中势必要占用两刚片规则或三刚片规则中的一个刚片。将 AB、AC 分别看作刚片 Ⅰ 和 Ⅱ,因为链杆 1、2 和链杆 3、4 的延长线分别汇交于 D 点和 E 点,相当于作用在 D 点和 E 点的两个虚铰。把 4 根链杆分别用虚铰等效替换后,用三刚片规则很容易得出体系是没有多余约束的几何不变体系的结论。

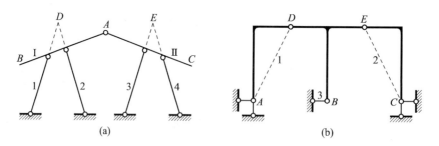

图 2 - 18   约束的等效替换

如图 2 - 18(b)所示体系,一端与基础连接的链杆达到 5 根之多,同样要将基础作为一个刚片处理,在除基础以外的体系中定出符合二刚片规则或三刚片规则的刚片和约束,完成对体系的几何组成分析。先将汇交于 A 点和 C 点的两根链杆等效替换为分别作用在 A 点和 C 点的铰。这样一来,AD 杆件两端的铰一端连接在基础上、一端连接在 DEB 刚片上,形成折线形的链杆，相当于直接联结 *AD* 两点的直线形链杆 1 的约束作用。*EC* 部分情况相同。经过上述等效替换过程，简化后的体系和原体系有相同的几何组成。链杆 1、2、3 分别成为连接刚片 *DEB* 和基础这两个刚片之间的 3 根链杆，从而得出原体系为没有多余约束的几何不变体系的结论。

　　例 2 – 1　分析图 2 – 19 所示体系的几何组成。

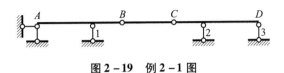

图 2 – 19　例 2 – 1 图

　　解：图 2 – 19 所示体系无二元体可拆，*AD* 梁用 5 根链杆和基础相连接，在体系的几何组成分析中，基础作为一个刚片处理。将 *AB* 梁看作刚片，由铰 *A* 和链杆 1 与基础相连，形成扩大后的刚片。如果将 *BC* 作为刚片处理，它和扩大后的刚片只有铰 *B* 与其相连，不能根据二刚片规则形成进一步扩大的刚片。如果将 *CD* 作为刚片，将 *BC* 作为连接 *CD* 和扩大后刚片的链杆，与 2、3 链杆构成无多余约束的几何不变体系。整个体系为无多余约束的几何不变体系。

　　例 2 – 2　分析图 2 – 20 所示体系的几何组成。

　　解：图 2 – 20 所示体系中，用直线形链杆 *DG*、*FG* 代换折杆 *DHG*、*FKG*，构成二元体 *D—G—F*，同理，链杆 *EF* 和链杆 *FC* 可以作为二元体，将它们去掉，分析拆掉二元体后部分的几何组成。*AJ*、*JB* 部分与基础形成几何不变的三铰刚架。整个体系为无多余约束的几何不变体系。

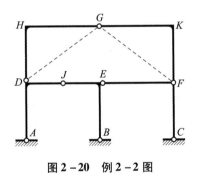

图 2 – 20　例 2 – 2 图

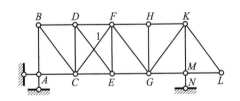

图 2 – 21　例 2 – 3 图

　　例 2 – 3　分析图 2 – 21 所示体系的几何组成。

　　解：图 2 – 21 所示体系中，体系本身用铰 *A* 和链杆 *MN* 与基础相连接，符合二刚片规则，上部体系的几何组成就决定了整个体系的几何组成。上部体系由三刚片规则组成的基础三角形出发，通过搭建二元体形成，在刚片 *ABCD* 与刚片 *EFKL* 之间，有 4 根链杆联结，其中有一根链杆为多余约束，但这里必须注意的是，不能认为链杆 1 才是多余约束。综合以上分析可知，体系为有一个多余约束的几何不变体系。

　　例 2 – 4　分析图 2 – 22(a)所示体系的几何组成。

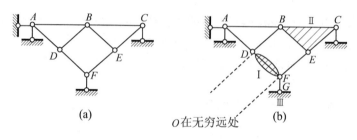

图 2 - 22 例 2 - 4 图

解: 图 2 - 22(a)所示体系中,杆件 DF 和三角形 BCE 作为刚片 Ⅰ 、Ⅱ,地基作为刚片 Ⅲ,如图 2 - 22(b)所示,刚片 Ⅰ 和 Ⅱ 用链杆 BD、EF 相连,虚铰 O 在两杆延长线的无穷远处;刚片 Ⅰ 和 Ⅲ 用链杆 AD、FG 相连,虚铰在 F 点;刚片 Ⅱ 和 Ⅲ 用链杆 AB、CH 相连,虚铰在 C 点。

三铰在一条直线上,体系为瞬变体系。

例 2 - 5 分析图 2 - 23(a)所示体系的几何组成。

解: 图 2 - 23(a)所示体系中,ADCF 和 BECG 都是几何不变的部分,可分别作为刚片 Ⅰ 和刚片 Ⅱ,地基作为一个刚片 Ⅲ。如图 2 - 23(b)所示,刚片 Ⅰ 和 Ⅱ 用铰 C 相连,刚片 Ⅰ 和 Ⅲ 相当于用虚铰 O 相连,刚片 Ⅱ 和 Ⅲ 相当于用虚铰 O′相连,为几何不变体系且无多余联系。

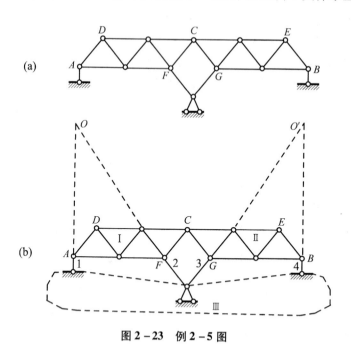

图 2 - 23 例 2 - 5 图

通过以上例题分析,总结如下:

(1)应用二元体规则,找到所有二元体并将其拆除,使体系得以简化。剩余部分的几何组成分析结论与原体系相同。

(2)无论组成体系的刚片数目多少,分析时最终都必须回归到二刚片和三刚片规则上来。所以分清体系中的刚片和约束至关重要,可以将体系中经判断已肯定为几何不变的部分作为一个扩大的刚片处理。

（3）三个几何不变体系的组成规则不是孤立的，大多数情况需要多次共同应用三规则实现对体系组成的分析。

此外，应特别注意约束与约束之间的等效代换关系。如单铰和两根链杆的约束作用是等效的，两者可以互换。对于折线形链杆或曲杆，可以用直杆等效代换。刚片和约束都是实际的物体，在几何组成分析中，刚片和约束的角色不是固定不变的，分析过程中可以尝试同一个物体的角色互换，但是一个物体只能在刚片和约束两者中扮演一种角色，不能身兼两职。对体系中的每个刚片以及每个约束，既不能遗漏，也不能重复使用。

2.4　平面体系的计算自由度

对于一般的平面杆件体系，运用几何不变体系的基本组成规则进行组成分析时，可以明确体系是否为几何可变体系，如果是几何可变体系，其自由度是多少，如果是几何不变体系，该体系有无多余约束，多余约束的个数是多少。但实际上对于复杂体系如何进行组成分析，如何确定自由度数或多余约束数，还需要作进一步的讨论。

2.4.1　体系自由度

体系自由度 S 的计算方法：杆件体系是由自由体加上约束组成的。先设想体系中所有的约束都不存在，算出各个自由体自由度的总和；然后在全部约束中确定非多余约束的个数；再将两数相减就得到体系的自由度 S：

$$S = 各自由体自由度的总数 - 非多余约束总数 \qquad (2-1)$$

上式在应用时，需要先确定全部约束中有多少个非多余约束的数目，对于复杂体系，非多余约束数目不易确定。

2.4.2　平面体系的计算自由度

体系中自由体自由度总数减去约束总数的差值称为体系的计算自由度 W。

$$W = 各自由体自由度的总和 - 约束总数 \qquad (2-2)$$

上式只需要知道全部约束的总数，不需要研究哪些约束是非多余约束。若把刚片作为自由体，把铰结点和链杆作为约束，由此得到计算自由度的公式

$$W = 3m - (2h + b) \qquad (2-3)$$

式中：m 为 刚片总数；h 为单铰（复铰换算成等效的单铰计入）总数；b 为链杆（包含支座链杆）总数。

约束可分为简单约束和复杂约束，两个刚片间的联结称为简单联结。两个以上刚片间的联结称为复杂联结，相应约束称为复杂约束。联结 n 个刚片的复铰相当于 $(n-1)$ 个单铰的作用。所以，n 个刚片间的复杂铰结相当于 $2(n-1)$ 个简单约束。

若将体系中的结点作为具有自由度的研究对象，而将链杆作为对结点施加的约束。由此得到计算自由度的另一个计算公式

$$W = 2j - b \qquad (2-4)$$

式中：j 为铰结点总数；b 为链杆（包含支座链杆）总数。

例 2 – 6　计算图 2 – 24 所示体系的计算自由度 W。

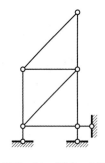

图 2 – 24　例 2 – 6 图

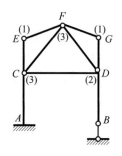

图 2 – 25　例 2 – 7 图

解：刚片(杆件)总数：$m = 7$；

单铰(复铰换算成等效的单铰计入)总数：$h = 9$；

链杆(支座链杆)总数：$b = 3$。

由式(2 – 3)得

$$W = 3m - (2h + b) = 3 \times 7 - (2 \times 9 + 3) = 0$$

对于该题，用式(2 – 4)计算较为简单，$j = 5$，$b = 10$，则

$$W = 2j - b = 2 \times 5 - 10 = 0$$

结果与用式(2 – 3)计算的结果相同。

例 2 – 7　计算图 2 – 25 所示体系的计算自由度 W。

解：图示体系中，

刚片数：$m = 8$；单铰数：$h = 10$；支座链杆数：$b = 4$。

D 结点：折算单铰数为 2；固定支座 A：3 个联系相当于 3 根链杆。

体系的计算自由度为

$$W = 3m - (2h + b) = 3 \times 8 - (2 \times 10 + 4) = 0$$

2.5　静定结构和超静定结构

通过对杆件体系的几何组成分析，除了可以判断体系是否为几何不变体系外，还可以通过判定几何不变体系是否存在多余约束，确定结构是静定结构还是超静定结构。

2.5.1　静定结构和超静定结构的概念

静定结构是无多余约束的几何不变体系。如图 2 – 26(a) 所示为无多余约束的几何不变体系，有三个支座反力。由平面任意力系的三个平衡方程完全可以确定三个支座反力。支座反力确定后，用截面法即可求出杆件任意一个截面上的内力。在任意荷载作用下，静定结构的全部支座反力和内力均可以由静力平衡条件唯一确定。

超静定结构是有多余约束的几何不变体系。如图 2 – 26(b) 所示为有多余约束的几何不变体系，若去掉任何一根竖向链杆，体系仍可保持几何不变。结构有四个支座反力，但根据平面任意力系平衡条件能建立的独立平衡方程只有三个。除了水平支座反力可确定外，剩下

的两个平衡方程无法确定三个竖向支座反力,自然无法进一步进行杆件的内力计算。在任意荷载作用下,超静定结构的全部支座反力和内力不能仅由平衡条件唯一确定。

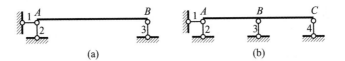

图 2-26　静定结构和超静定结构

2.5.2　几何组成和静定性的关系

1. 几何可变体系

在任意荷载作用下,几何可变体系不能维持平衡。其平衡方程或者没有解,或者只在某种特殊情况下才有解。

2. 几何瞬变体系

对于几何瞬变体系,其平衡方程或者没有有限值的解,或者在特殊荷载作用下解为不定值。

3. 无多余约束的几何不变体系

无多余约束的几何不变体系即静定结构,其静定解是唯一确定的。

4. 有多余约束的几何不变体系

具有多余约束的几何不变体系即超静定结构,在任意荷载作用下,因为平衡方程的个数少于拟求支座反力的个数,平衡方程的解有无穷多组。

结合计算自由度的概念,平衡方程的个数减去未知反力的个数等于计算自由度 W。根据计算自由度的数值,对体系的静力特征可得出如下结论:

(1) $W>0$,说明体系所具有的约束总数小于体系自由度总数,该体系缺少足够的约束,体系为几何可变。

(2) $W=0$,说明体系所具有的约束总数等于体系保持几何不变所需的最少约束数,体系是否为几何不变,还要看约束的布置情况是否符合几何不变体系组成规则关于约束布置的限制条件。

(3) $W<0$,说明体系所具有的约束总数大于体系保持几何不变所需的最少约束数,体系是否是几何不变体系,同样还要看约束的配置情况。但说明体系存在多余约束。

本章小结

(1)结构在任意荷载作用下,即使不考虑材料的应变,体系的形状和位置也会发生改变的体系称为几何可变体系。反之,在任意荷载作用下,只要不发生破坏,体系的形状和尺寸不会发生改变的体系称为几何不变体系。

(2)分析几何组成的目的及应用。①判断给定的体系是否为几何不变,从而判定该体系能否作为结构。②研究几何不变体系的组成规则,保证将若干离散的杆件装配成能承受传递荷载而维持平衡的结构。③判断体系为静定结构或超静定结构,从而采用相应的方法进行结构的内力计算。④了解结构各部分之间的构造关系，提高和改善结构的性能。某些情况下，根据几何组成分析判断结构的基本部分和附属部分，从而选择适当的计算次序简化计算。

（3）对刚片、自由度、约束、非多余约束、多余约束、瞬变体系和计算自由度等概念必须深刻理解，为正确利用杆件结构的组成规则打下基础。

（4）平面杆件体系的几何组成分析。重点是杆件结构的基本组成规则、利用组成规则对杆件体系进行几何组成分析。

（5）深刻理解二元体、二刚片和三刚片规则。注意每一个规则都由约束数目和约束布置的限制条件组成。当约束数目符合要求，但是约束的布置不符合相关限制条件的时候通常形成瞬变体系。瞬变体系是一种特殊的几何可变体系，不能作为结构使用。

（6）结构几何组成与静力特征之间的关系。静定结构是无多余约束的几何不变体系。超静定结构是有多余约束的几何不变体系。

思考与练习

2-1 什么是几何不变体系、几何可变体系和瞬变体系？工程中的结构应该是什么体系？

2-2 几何组成分析的目的是什么？体系几何组成分析的基本规则有哪些？

2-3 什么是自由度？什么是约束？自由度和约束之间的关系？

2-4 什么是单铰、复铰？两者之间的区别是什么？

2-5 计算自由度和体系几何组成之间的关系是什么？

2-6 什么是静定结构？什么是超静定结构？两者和结构几何组成之间的关系是什么？

2-7 分析题2-7图所示体系的几何组成。

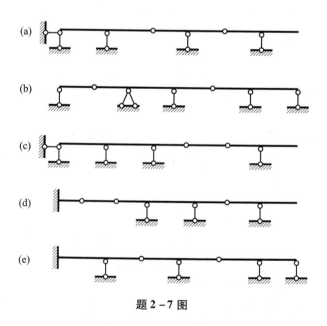

题 2-7 图

2-8 分析题2-8图所示体系的几何组成，计算体系的计算自由度。

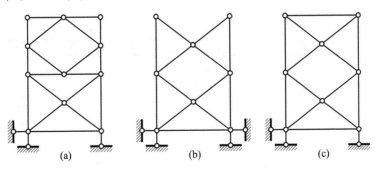

题2-8图

2-9 对题2-9图所示体系进行几何组成分析。

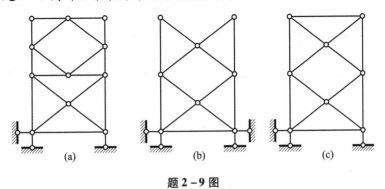

题2-9图

2-10 对题2-10图所示体系进行几何组成分析。

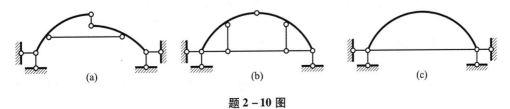

题2-10图

2-11 分析题2-11图所示体系的几何组成。

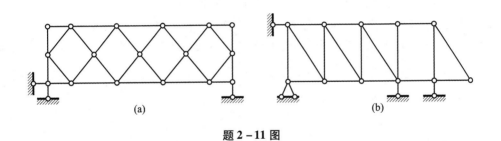

题2-11图

2-12 分析题2-12图所示体系的几何组成。

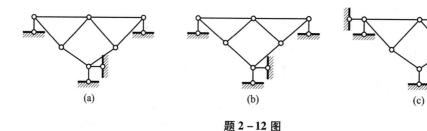

(a)　　　　　　(b)　　　　　　(c)

题 2-12 图

2-13 分析题2-13图所示体系的几何组成。

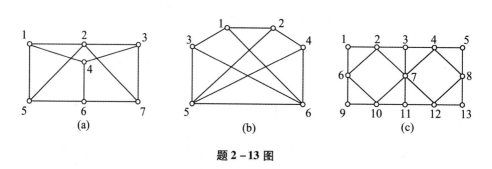

(a)　　　　　　(b)　　　　　　(c)

题 2-13 图

参考答案(部分习题)

2-7 (a)几何不变,无多余约束;(b) 几何不变,有1个多余约束;
(c)几何可变;(d) 几何不变,无多余约束;(e)几何不变,有2个多余约束

2-8 (a)瞬变,$W=0$;(b) 几何不变,有一个多余约束,$W=-1$;(c) 几何不变,
有1个多余约束,$W=-1$

2-9 (a)几何不变,无多余约束;(b) 几何不变,有5个多余约束;(c)几何不变,有
7个多余约束

2-10 (a)几何不变,无多余约束;(b) 几何不变,无多余约束;(c)几何不变,有2个
多余约束

2-11 (a)几何可变;(b) 几何不变,有1个多余约束

2-12 (a) 几何不变,无多余约束;(b) 瞬变;(c) 几何不变,无多余约束

2-13 (a) 几何不变,无多余约束;(b) 几何不变,有1个多余约束;(c) 几何可变

第 3 章

静定梁和静定刚架的内力计算

本章要点

静定梁和静定刚架的概念；

静定梁和静定平面刚架支座反力的求解；

截面法计算梁和刚架的内力及正负号规定；

静定梁和静定平面刚架的内力图绘制。

　　静定结构是指结构的约束反力以及内力完全能由平衡条件唯一地确定的结构。在进行结构设计时，应保证结构的各个构件能正常地工作，即构件应具有一定的强度、刚度和稳定性。要解决强度、刚度和稳定性问题，必须首先确定构件的内力。内力计算是结构力学的重要基础知识。

3.1　静定梁

3.1.1　单跨静定梁的内力

　　单跨静定梁是工程中常见的结构形式，是组成各种结构的基本结构之一，其受力分析是多跨梁和刚架等结构受力分析的基础。

　　常见单跨静定梁有简支梁[图 3 - 1(a)]、悬臂梁[图 3 - 1(b)]、外伸梁[图3 - 1(c)]。

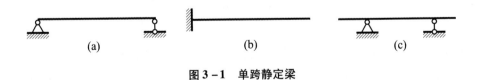

(a)　　　　　　　　　(b)　　　　　　　　　(c)

图 3 - 1　单跨静定梁

　　内力是指杆件受到外力作用而变形时，其内部各部分之间因相对位置改变而引起的相互作用力的改变量。如图 3 - 2(a)所示梁 AB，该梁在外力（荷载和约束反力）作用下处于平衡状态，假设外力作用在通过杆件轴线的同一平面内。现讨论距左支座为 a 处的横截面 $m - m$ 上的内力。

　　假想在 $m - m$ 处用一截面将梁截为两段，取左段为研究对象，右段必有力作用于左段的

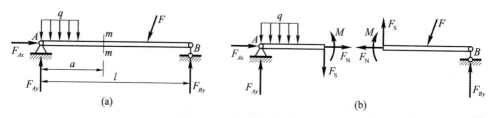

图 3 - 2　梁横截面上的内力

$m - m$ 截面上。由于两段间既不能有相对移动，也不能有相对转动，所以该截面上内力的主矢和主矩可用三个分量表示，即用沿着杆件轴线和垂直于杆件轴线的两个分力和一个力偶表示，如图 3 - 2(b)所示。这两个分力和一个力偶就是横截面 $m - m$ 上的内力。杆件的内力中，沿杆件轴线方向的内力 F_N 称为轴力，沿杆件横截面(垂直杆件轴线)方向的内力 F_S 称为剪力，力偶的力偶矩 M 称为弯矩，具体符号和单位见表 3 - 1。

表 3 - 1　内力的正负号及单位

内力	轴力 F_N	剪力 F_S	弯矩 M
图示	$F_N(+)$　$F_N(+)$　$F_N(-)$　$F_N(-)$	$F_S(+)$　$F_S(+)$　$F_S(-)$　$F_S(-)$	$M(+)$　$M(+)$　$M(-)$　$M(-)$
正负号	当截面上的轴力使分离体受拉时为正，反之为负	当截面上的剪力使分离体作顺时针方向转动时为正，反之为负	当截面上的弯矩使分离体凹向上弯曲时为正，反之为负
单位	N 或 kN	N 或 kN	N·m 或 kN·m

　　梁截面上的内力计算一般采用截面法，即假想的将杆件在要求内力的截面处截为两部分，任选其中一部分为研究对象，画出该部分上所受外力和截面上的内力(均按正方向画出)，应用静力学平衡方程求解内力的值。这种求截面内力的方法称为截面法。

　　为了显示构件在外力作用下所产生的内力，并确定内力的大小和方向，截面法是研究构件内力的一个基本方法。可将其归纳为以下三个步骤：

　　(1)截开：在要求内力的截面处，沿该截面假想地把构件分成两部分，保留其中一部分作为研究对象，弃去另一部分。

　　(2)代替：将弃去部分对保留部分的作用以内力代替。

　　(3)平衡：建立保留部分的平衡方程，确定未知内力。

　　下面举例说明该方法的具体内容。

例 3 – 1　如图 3 – 3 (a)所示的外伸梁。已知：若 $q = 20\ \text{kN/m}$，$F = 20\ \text{kN}$，$M_\text{e} = 160\ \text{kN} \cdot \text{m}$，求此梁距离 A 端 5 m 处 E 横截面上的内力。

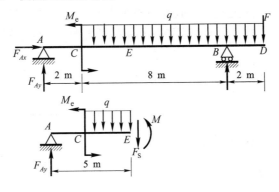

图 3 – 3　例 3 – 1 图

解：(1)求支座反力，梁的受力如图 3 – 3 (a)所示。由平衡方程

$$\sum F_x = 0,\ F_{Ax} = 0$$

$$\sum F_y = 0,\ F_{Ay} - 20 \times 10 + F_{By} - 20 = 0$$

$$\sum M_A = 0,\ 160 - 20 \times 10 \times 7 + F_{By} \times 10 - 20 \times 12 = 0$$

解方程得

$$F_{Ax} = 0,\ F_{Ay} = 72\ \text{kN},\ F_{By} = 148\ \text{kN}$$

(2)用截面法求横截面上的内力，取截面左段梁为研究对象，梁段的受力如图 3 – 3 (b)所示。由平衡方程

$$\sum F_y = 0,\ 72 - 20 \times 3 - F_S = 0$$

$$\sum M_E = 0,\ -72 \times 5 + 160 + 20 \times 3 \times \frac{3}{2} + M = 0$$

解方程得

$$F_S = 12\ \text{kN},\ M = 110\ \text{kN} \cdot \text{m}$$

内力 F_S、M 为正，表示该截面上内力的方向与假设的方向相同。

以上的计算均选择左段为研究对象，如果选用右段为研究对象，仍可得到相同的结果。

3.1.2　内力方程和内力图

根据上节的讨论，我们知道截面的内力因截面位置的不同而变化，若取横坐标轴 x 与杆件轴线平行，则可将杆件截面的内力表示为截面坐标 x 的函数，称之为内力方程。如用纵坐标表示内力值，就可以将内力随截面位置变化的图线画在坐标面上，称之为内力图，如轴力图、剪力图、弯矩图等。

由于梁一般只承受竖向(垂直于梁轴线)荷载作用，此时轴力可以忽略不计。在梁的不同截面上，剪力和弯矩一般均不相同，是随截面位置而变化的。设用坐标 x 表示横截面的位置，则梁各横截面上的剪力和弯矩可以表示为坐标 x 的函数，即

$$F_S = F_S(x),\ M = M(x)$$

上述关系式分别称为剪力方程和弯矩方程。

梁的剪力与弯矩随截面位置的变化关系，常用图形来表示，即剪力图与弯矩图。绘图时通常将正值的剪力画在 x 轴的上侧，负值的剪力画在 x 轴的下侧。弯矩画在梁的受拉一侧，即正值的弯矩画在 x 轴的下侧，负值的弯矩画在 x 轴的上侧，下面举例说明。

例 3-2 图 3-4(a) 为一集中力 F 作用的简支梁。设 F、l 及 a 均为已知，试列出剪力方程与弯矩方程，并绘剪力图与弯矩图。

解： (1) 求支反力。

由平衡方程式 $\sum M_B = 0$ 及 $\sum M_A = 0$，得

$$F_{Ay} = \frac{l-a}{l}F, \quad F_{By} = \frac{a}{l}F$$

(2) 列剪力方程与弯矩方程。

集中力 F 左右两段梁上的剪力与弯矩不能用同一方程式表示。将梁分成 AC 及 CB 两段，分别列剪力方程与弯矩方程。

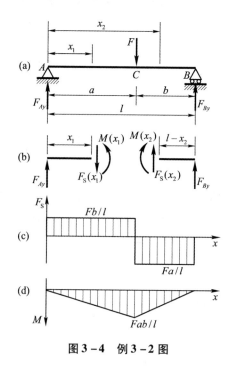

图 3-4 例 3-2 图

AC 段：利用截面法，沿距 A 点为 x_1 的任意截面将梁截开，并以左段为研究对象，如图 3-4(b) 所示。由左段的平衡条件得剪力方程和弯矩方程分别为

$$F_S(x_1) = F_{Ay} = \frac{l-a}{l}F \quad (0 < x_1 < a) \qquad (a)$$

$$M(x_1) = F_{Ay}x_1 = \frac{l-a}{l}Fx_1 \quad (0 \leqslant x_1 \leqslant a) \qquad (b)$$

CB 段：沿距 A 点为 x_2 的任意截面将梁截开，并以右段为研究对象，如图 3-4(b) 所示。由右段的平衡条件得到 CB 段的剪力方程和弯矩方程分别为

$$F_S(x_2) = -F_{By} = -\frac{a}{l}F \quad (a < x_2 < l) \qquad (c)$$

$$M(x_2) = F_{By}(l-x_2) = \frac{a}{l}F(l-x_2) \quad (a < x_2 \leqslant l) \qquad (d)$$

(3) 作 F_S 图、M 图。

由式 (a) 可知，在 AC 段内梁任意横截面上的剪力都为常数 $\frac{l-a}{l}F$，且符号为正，所以在 AC 段 $(0 \leqslant x_1 \leqslant a)$ 内，剪力图是在 x 轴上方且平行于 x 轴的直线，同理，可以根据式 (c) 作 CB 段的剪力图，如图 3-4(c) 所示。从剪力图看出，当 $a > b$ 时，最大剪力发生在 CB 段的各横截面上，其值为

$$|F_S|_{\max} = \frac{Fa}{l}$$

由式 (b) 可知，在 AC 段内弯矩是 x 的一次函数，所以弯矩图是一条斜直线。只要确定线上的两点，就可以确定这条直线，同理，可以根据式 (d) 作 CB 段内的弯矩图。如图 3-4(d) 所示。从弯矩图看出，最大弯矩发生在集中力 F 作用的 C 截面上，其值为

$$|M|_{max} = \frac{Fa}{l}b$$

例 3-3　简支梁 AB 如图 3-5（a）所示。在梁上 C 处作用着集中力偶 M_e，试绘梁的剪力图和弯矩图，图中 M_e、a、b、l 均已知。

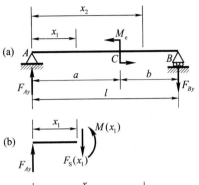

解：（1）求支反力。

由平衡方程式 $\sum M_B = 0$ 及 $\sum M_A = 0$，得

$$F_{Ay} = \frac{M_e}{l}, \quad F_{By} = \frac{M_e}{l}$$

（2）列剪力方程与弯矩方程。

沿集中力偶作用的 C 截面，把梁分成 AC 和 CB 两段，分别列出 F_S、M 方程式

AC 段：

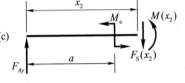

$$F_S(x_1) = F_{Ay} = \frac{M_e}{l} \quad (0 < x_1 \leq a) \tag{a}$$

$$M(x_1) = F_{Ay}x_1 = \frac{M_e}{l}x_1 \quad (0 \leq x_1 < a) \tag{b}$$

CB 段：

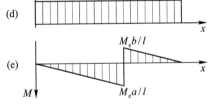

$$F_S(x_2) = F_{Ay} = \frac{M_e}{l} \quad (a < x_2 < l) \tag{c}$$

$$M(x_2) = F_{Ay}x_2 - M_e = -\frac{M_e}{l}(l - x_2) \quad (a < x_2 \leq l) \tag{d}$$

图 3-5　例 3-3 图

（3）作 F_S 图、M 图。

由式（a）、式（c）和式（b）、式（d）分别作 F_S 图、M 图，如图 3-5（d）、图 3-5（e）所示。由 F_S 图可见最大 F_S 值为

$$|F_S|_{max} = \frac{M_e}{l}$$

当 $a < b$ 时，从 M 图可见，在 C 截面右侧，弯矩的绝对值最大，其值为

$$|M|_{max} = \frac{M_e}{l}b$$

例 3-4　试绘图 3-6 所示简支梁的 F_S 图、M 图。图中 q、l 均为已知。

解：（1）求支反力

由平衡方程式 $\sum M_B = 0$ 及 $\sum M_A = 0$，得

$$F_{Ay} = F_{By} = \frac{1}{2}ql$$

（2）列剪力方程与弯矩方程。

用上述方法直接写出

$$F_S(x) = \frac{ql}{2} - qx \quad (0 < x < l) \tag{a}$$

$$M(x) = \frac{ql}{2}x - \frac{q}{2}x^2 \quad (0 \leqslant x \leqslant l) \qquad \text{(b)}$$

（3）作 F_S 图、M 图。

由式（a）可知，剪力图为一斜直线，绘得 F_S 图如图 3-6（b）所示。由式（b）可见，弯矩图为一抛物线，将式（b）对 x 求导数，并令

$$\frac{\mathrm{d}M(x)}{\mathrm{d}x} = \frac{ql}{2} - qx = 0 \qquad \text{(c)}$$

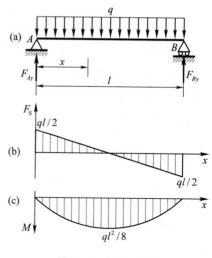

图 3-6 例 3-4 图

求得弯矩图极值的截面位置为 $x = \dfrac{l}{2}$，代入式（b），得弯矩的极大值

$$M_{\max} = \frac{ql^2}{8}$$

绘得弯矩图如图 3-6（c）所示。

梁的内力图反应梁的内力变化，我们结合以上例题中不同荷载状况下梁的内力图，可以得出以下结论：

（1）若在梁的某一段内无荷载作用，即 $q(x)=0$，则在这一段内 $F_S(x)=$ 常数，$M(x)$ 是 x 的一次函数。因而剪力图是平行于 x 轴的直线，弯矩图是斜直线。

（2）若在梁的某一段内作用均布荷载，即 $q(x)=$ 常数，则在这一段内 $F_S(x)$ 是 x 的一次函数，$M(x)$ 是 x 的二次函数。因而剪力图是斜直线，弯矩图是抛物线。

均布荷载 $q(x)$ 向下，剪力图是向下的斜直线，弯矩图是凹向上的曲线。若 $q(x)$ 向上，剪力图是向上的斜直线，弯矩图是凹向下的曲线。

（3）若在梁的某一截面上，剪力为零，则在这一截面上弯矩有极值。

（4）在集中力作用处，剪力 F_S 有突变，突变的数值等于集中力，因而弯矩图的斜率也产生突然变化，成为一个转折点。在集中力偶作用处，F_S 图无改变，弯矩图有一突变，突变的数值等于力偶矩的数值。

（5）$|M|_{\max}$ 不但可能发生在剪力为零的截面上，也可能发生在集中力作用处，或集中力偶作用处。

利用上述规律，可正确、迅速地绘制与检查剪力图与弯矩图。主要画法是：按梁的支承情况和受力情况将梁分段，判断各段梁上 F_S 图、M 图的大致形状，确定 F_S、M 在各梁段的端值，然后即可画出 F_S 图和 M 图。下面举例说明这种画法。

例 3-5 外伸梁及其所受荷载如图 3-7（a）所示，试作梁的剪力图和弯矩图。

解：（1）求支反力

由平衡方程式 $\sum M_B = 0$ 及 $\sum M_A = 0$，得

$$F_{Ay} = 7 \text{ kN}, \ F_{By} = 5 \text{ kN}$$

（2）分段

按梁支承和外力情况将其分为 AC、CD、DB、BE 四段。

（3）求端值，并绘 F_S 图、M 图

在支反力 F_{Ay} 的右侧截面上，剪力为 7 kN。截面 A 到截面 C 之间的荷载为向下的均布荷

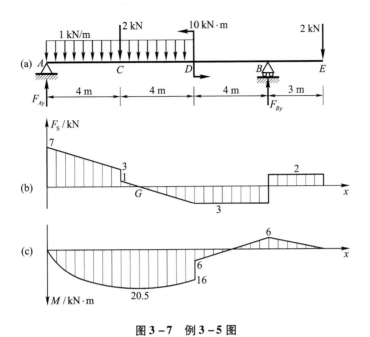

图 3 - 7　例 3 - 5 图

载，剪力图为向下的斜直线。算出 C 左侧截面上的剪力为 $(7 - 4 \times 1)$ kN = 3 kN。截面 C 处有一集中力 $F_1(\downarrow)$，剪力图向下发生突变，突变的数值等于 F_1。故 C 右侧截面上的剪力为 $(3 - 2)$ kN = 1 kN。从 C 到 D 的剪力图为向下的斜直线，截面 D 上的剪力为 $(7 - 8 \times 1 - 2)$ kN = -3 kN。截面 D 及截面 B 之间梁上无分布荷载，剪力图为水平线。截面 B 上有支反力 $F_{By}(\uparrow)$，剪力图向上发生突变，突变的数值为 F_{By}。故 B 右侧截面上的剪力为 $(-3 + 5)$ kN = 2 kN。截面 B 与截面 E 之间剪力图为水平线。在截面 E 处，有一集中力 $F_2(\downarrow)$，剪力图向下发生突变，突变的数值为 F_2，于是剪力图自行封闭，如图 3 - 7（b）所示。

截面 A 上弯矩为零，从 A 到 C 梁上为向下的均布荷载，弯矩图为凹向上的抛物线。算出 C 截面上的弯矩为 $\left(7 \times 4 - \dfrac{1}{2} \times 1 \times 4^2\right)$ kN·m = 20 kN·m。从 C 到 D 弯矩图为另一抛物线，截面 C 上的剪力突变，故弯矩图在 C 点的斜率也突然变化。在截面 G 上剪力等于零，弯矩有极值。G 至左端的距离为 5 m，故可求出截面 G 上弯矩的极值为

$$M_{max} = \left(7 \times 5 - 2 \times 1 - \frac{1}{2} \times 1 \times 5 \times 5\right) \text{ kN·m} = 20.5 \text{ kN·m}$$

在集中力偶 M_e 左侧截面上弯矩为 16 kN·m。已知 C、G 及 D 三个截面上的弯矩，即可连成 C 到 D 之间的抛物线。截面 D 上有一集中力偶，弯矩图有突变，而且突变的数值等于 M_e，所以在 M_e 右侧梁截面上，$M = (16 - 10)$ kN·m = 6 kN·m。从 D 到 B 梁上无荷载，弯矩图为斜直线，算出截面 B 上的弯矩为 $(-2) \times 3$ kN·m = -6 kN·m。B 到 E 之间的弯矩图也是斜直线，截面 E 上弯矩为零，斜直线容易画出，如图 3 - 7（c）所示。

3.1.3　用叠加法作剪力图和弯矩图

叠加法可叙述为：当构件上由几个荷载共同作用时，构件的反力和内力可以先分别计算

出每一个荷载单独作用时的反力和内力，然后把这些相应计算结果代数相加，即得到几个荷载共同作用时的反力和内力。

值得注意的是，内力图的叠加是指内力图的纵坐标代数相加，而不是内力图形的简单合并。

表 3 - 2 列出了悬臂梁、简支梁、外伸梁分别在集中力偶、集中荷载、均布荷载作用下的弯矩图。

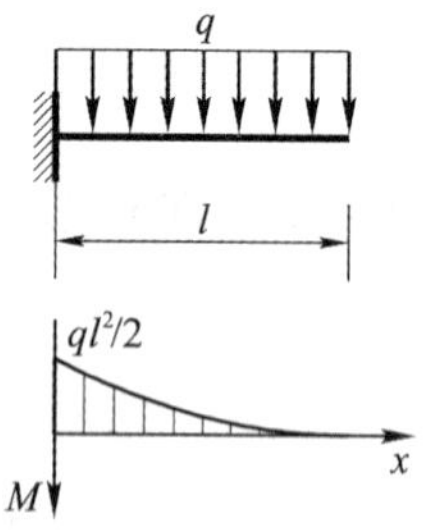

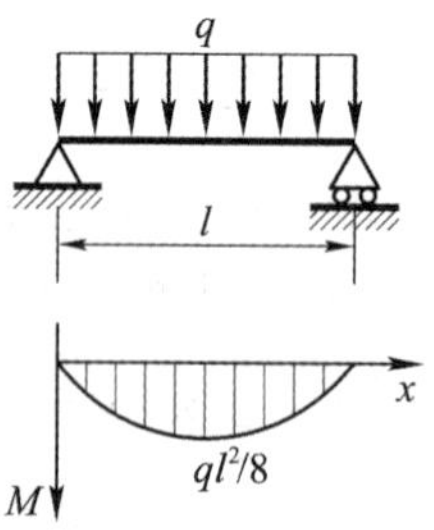

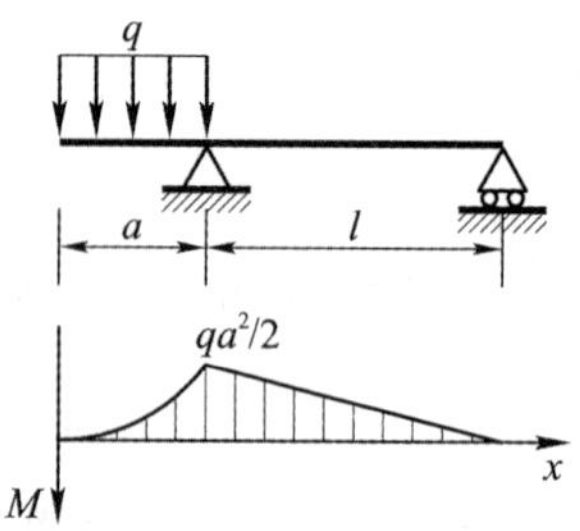

表 3 - 2　悬臂梁、简支梁、外伸梁的弯矩图

<table>
<tr><th></th><th>悬臂梁</th><th>简支梁</th><th>外伸梁</th></tr>
<tr><td>集中力偶</td><td>
</td><td>
</td><td>
</td></tr>
<tr><td>集中荷载</td><td>
</td><td>
</td><td>
</td></tr>
<tr><td>均布荷载</td><td>
</td><td>
</td><td>
</td></tr>
</table>

如图 3 - 8(a)所示的悬臂梁，同时承受集中力 F 和均布荷载 q 作用，按照叠加法，可以看作集中力 F[图 3 - 8(b)]和均布荷载 q[图 3 - 8(c)] 两种荷载的叠加。各荷载单独作用下的弯矩图如图 3 - 8(e)、图 3 - 8(f)所示。由于两图的弯矩符号相反，在叠加时，把它们放在横坐标的同一侧，如图 3 - 8(d)所示。凡是两图重叠的部分，正值与负值相互抵消，剩余部分，注明正负号，即得所求的弯矩图。如果将基线改为水平线，即得 3 - 8(g) 所示的弯矩图。

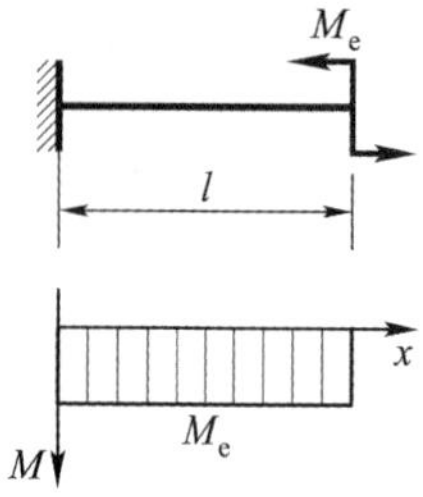

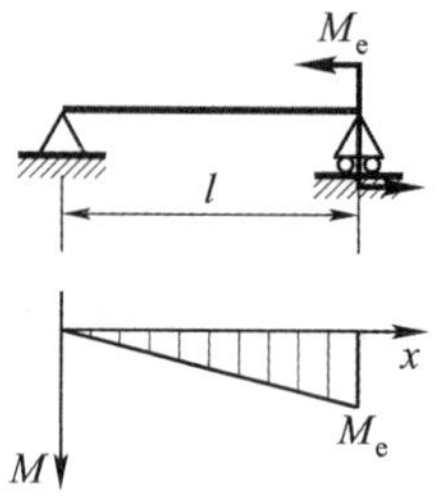

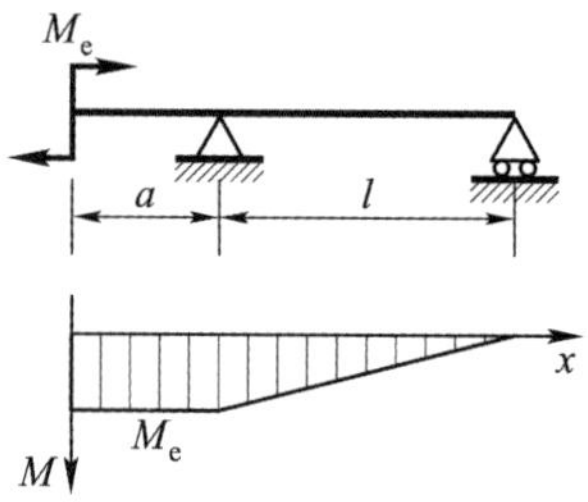

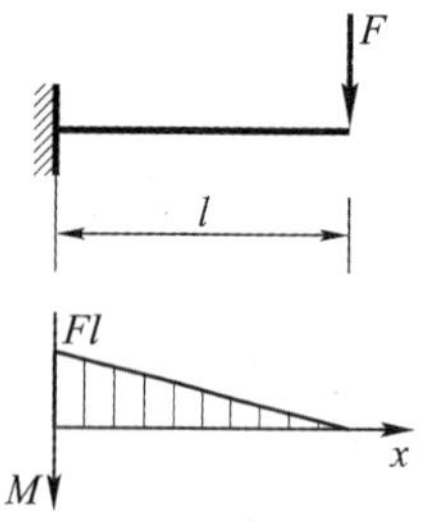

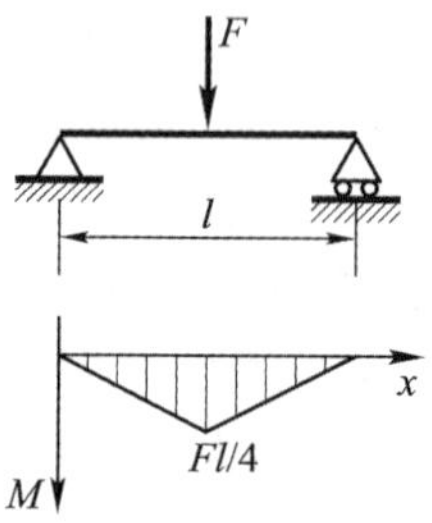

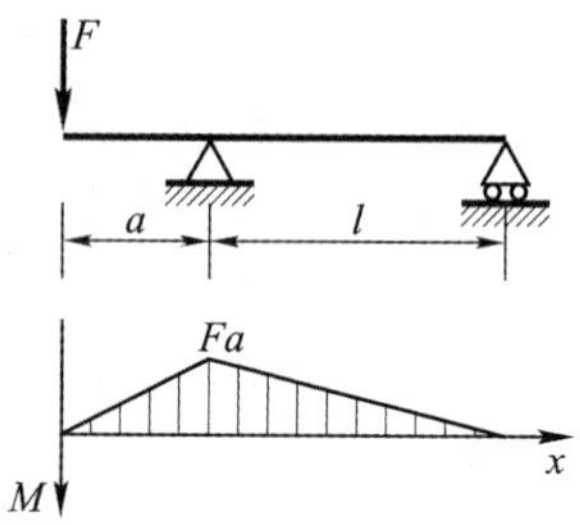

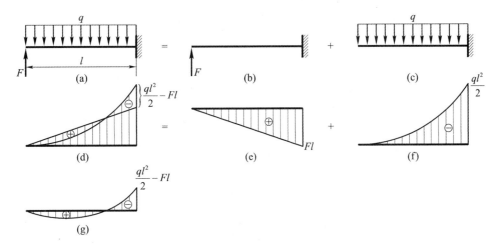

图 3 – 8　叠加法作弯矩图

例 3 – 6　简支梁 AB 承受集中力 F 和集中力偶 $M = Fa$ 的作用,如图 3 – 9(a)所示。试按叠加法作梁的弯矩图。

解:把简支梁看作集中力和集中力偶单独作用的两梁叠加,如图 3 – 9(b)、图 3 – 9(c)所示。分别作出 F 和 M 单独作用下的弯矩图,如图 3 – 9(e)、图 3 – 9(f)所示。因为弯矩图都是直线组成,叠加时只需求出 A、C、D、B 四个控制截面的弯矩值,即可作出弯矩图。由图 3 – 9(e)、图 3 – 9(f)的弯矩值求得

$$M_A = M_B = 0, \quad M_C = \frac{2}{3}Fa - \frac{1}{3}Fa = \frac{1}{3}Fa$$

$$M_D = \frac{1}{3}Fa - \frac{2}{3}Fa = -\frac{1}{3}Fa, \quad M_D = \frac{1}{3}Fa + \frac{1}{3}Fa = \frac{2}{3}Fa$$

因此,AB 梁在 F、M 同时作用下的弯矩如图 8 – 9(d)所示。

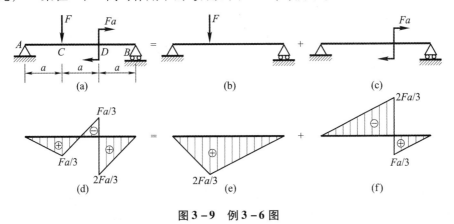

图 3 – 9　例 3 – 6 图

3.1.4　斜梁的内力

在工程中还会遇到另一种梁,其轴线是倾斜的,例如楼梯梁,如图 3 – 10(a)所示。其计算简图通常取为简支斜梁,简称斜梁。

斜梁所受荷载分两种:

（1）沿水平线分布的竖向荷载，如图 3 – 10（b）所示。如楼梯梁上的人流。

（2）沿斜梁轴线分布的竖向荷载，如图 3 – 10（c）所示。如斜梁自重。

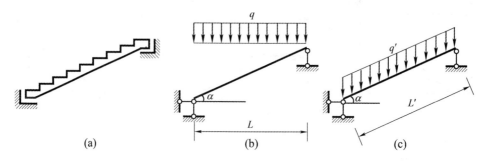

图 3 – 10　斜梁及其计算简图

当沿斜梁轴线分布的竖向荷载和沿水平线分布的竖向荷载为均布荷载时，两者间的折算关系为

$$ql = q'l' = q'\frac{l}{\cos\theta}$$

式中：q 为沿水平线分布每单位长度上的竖向均布荷载；q' 为沿斜梁轴线分布每单位长度上的竖向均布荷载。

$$q = \frac{q'}{\cos\theta}$$

斜梁的内力除弯矩和剪力外还可能有轴力，它的计算方法与一般的水平梁相同。所要注意的是因轴力可能不为零，在作内力图时，也要作出轴力图。下面以如图 3 – 11（a）所示斜梁为例说明静定斜梁问题的计算。

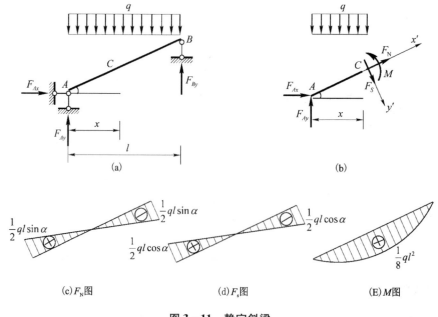

(c)F_N图　　　　(d)F_s图　　　　(E)M图

图 3 –11　静定斜梁

（1）求支座反力：斜梁受力如图 3 − 11（a）所示，由平衡方程求得

$$\sum F_x = 0 , \quad F_{Ax} = 0$$

$$\sum M_B = 0 , \quad F_{Ay} = \frac{1}{2}ql$$

$$\sum M_A = 0 , \quad F_B = \frac{1}{2}ql$$

（2）求梁上任意一横截面 C 上的内力：取 C 截面左边部分为研究对象，分析受力如图 3 − 11（b）所示。由平衡方程求得

$$\sum F_x' = 0 , \quad F_N + F_{Ay}\sin\alpha - qx\sin\alpha = 0$$

$$\sum F_y' = 0 , \quad F_S - F_{Ay}\cos\alpha + qx\cos\alpha = 0$$

$$\sum M_C = 0 , \quad M - F_{Ay}x + qx\frac{x}{2} = 0$$

$$F_{Ay} = 30a \quad F_S = \left(\frac{ql}{2} - qx\right)\cos\alpha \quad F_{By} = 10a$$

（3）作斜梁的内力图，如图 3 − 11（c）、图 3 − 11（d）、图 3 − 11（e）所示。

3.1.5　多跨静定梁的内力

单跨静定梁是指由一根梁形成的静定结构，而多跨静定梁是由若干根梁用铰连接而成，并用若干支座与基础相连而组成的静定结构。图 3 − 12（a）为公路桥梁中使用的多跨静定梁及其计算简图。

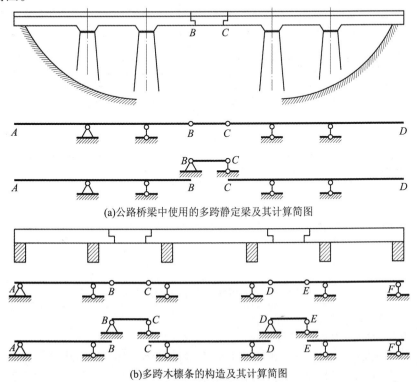

(a)公路桥梁中使用的多跨静定梁及其计算简图

(b)多跨木檩条的构造及其计算简图

图 3 − 12　多跨静定梁及其计算简图

除了在桥梁方面常采用这种结构形式外,在房屋建筑中的檩条有时也采用这种形式。图
3-12(b)所示为一多跨木檩条的构造及其计算简图。在檩条接头处采用斜搭接的形式,中间
用一个螺栓系紧,这种接头不能抵抗弯矩但可防止所连构件在横向或纵向的相对移动,故可
看作铰结。

1. 多跨静定梁的几何组成特点

由多跨静定梁的几何组成分析可知,图3-12(a)、图3-12(b)中的 AB 部分直接由支座
固定于基础,是几何不变部分,而图3-12(a)中的 CD、图3-12(b)中的 CD 和 EF 在竖向荷
载作用下也能独立地维持平衡,称它们为基本部分。而其他各个部分必须要依靠基本部分的
支撑才能保持其几何不变性,故称为附属部分。

为清晰起见,它们之间的支承关系可用图3-13(a)、图3-13(b)、图3-13(c)来表示。
这种图称为层次图,它是按照附属部分支承于基本部分之上来作出的。

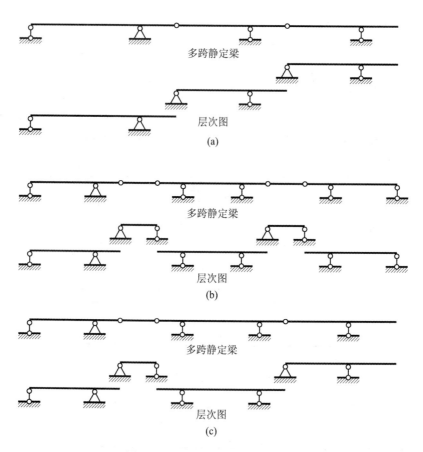

图 3-13　多跨静定梁及其层次图

2. 多跨静定梁的内力及内力图

对于多跨静定梁,只要了解它的组成和各部分的传力次序,即不难进行内力计算。从层
次图可以看出:基本部分上的荷载作用并不影响附属部分,而附属部分上的荷载作用则必传
至基本部分。因此,在计算多跨静定梁时,应先计算附属部分,再计算基本部分。二者之间

的作用可以根据作用力和反作用力定律确定。这样多跨静定梁即可拆成若干单跨梁分别计算。然后将各单跨梁的内力图相叠加，即得到多跨静定梁的内力图。

例 3 – 7　作出图 3 – 14(a)所示多跨静定梁的内力图。

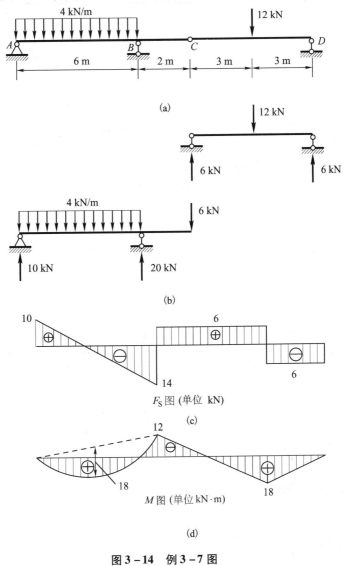

(a)

(b)

F_S 图 (单位　kN)

(c)

M 图 (单位 kN·m)

(d)

图 3 – 14　例 3 – 7 图

解:(1)首先分析其几何组成，并作出层次图，分别求出附属部分 CD 和基本部分 ABC 的约束力，如图 3 – 14(b)所示。

(2)绘制剪力图和弯矩图，如图 3 – 14(c)、图 3 – 14(d)所示。

例 3 – 8　作出图 3 – 15(a)所示多跨静定梁的弯矩图。

解:(1)首先分析其几何组成，并作出层次图，如图 3 – 15(b)所示。

(2)作出附属部分弯矩图，根据内力图的特征作弯矩图，如图 3 – 15(c)所示。

(3)将附属部分的 D 支座的反力反方向作用于基本部分的 D 截面，得到基本部分的计算简图，如图 3 – 15(d)所示。同样作出其弯矩图，如图 3 – 15(e)所示。

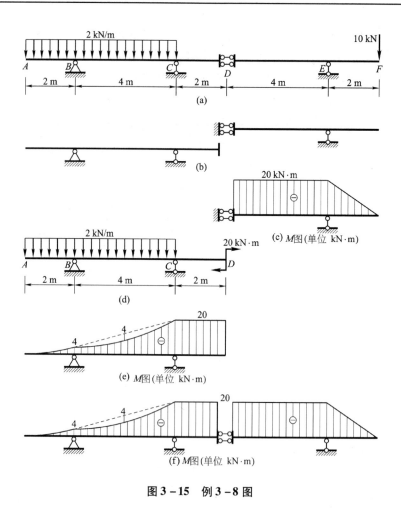

图 3 – 15 例 3 – 8 图

（4）将图 3 – 15（c）和图 3 – 15（e）合并，得到图 3 – 15（f）所示的原结构的弯矩图。

3.2 静定平面刚架

3.2.1 静定平面刚架的概念及分类

　　静定平面刚架是由若干直杆在同一平面内通过全部刚结点或部分刚结点连接组成的静定结构。图 3 – 16 所示结构为刚架的计算简图。刚架的特点是由于刚结点约束使各杆之间不能发生相对转动，当刚架受力而产生变形时，刚结点处各杆端之间的夹角保持不变。从受力的角度来看，刚结点能承受和传递弯矩，所以刚架能提供较大的使用空间。

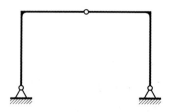

图 3 – 16　平面刚架计算简图

　　图 3 – 17 所示为常见的静定平面刚架。根据刚架受力特点，可以将其简化为力学的计算简图。图 3 – 18 所示的计算简图，分为悬臂刚架、简支刚架、三铰刚架、组合刚架等。

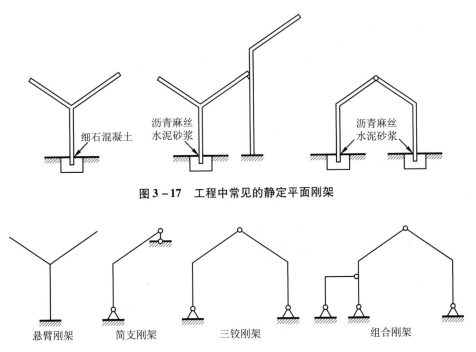

图 3 – 17　工程中常见的静定平面刚架

图 3 – 18　常见的静定平面刚架计算简图

3.2.2　静定平面刚架的支座反力计算

刚架的约束反力可以根据静力平衡条件来求得，但不同的刚架形式，求解时隔离体的选择不同。对于悬臂刚架和简支刚架，由于约束反力只有 3 个，可以取整体为研究对象，3 个方程就可以解出 3 个未知数。对于三铰刚架和组合刚架，由于约束反力多于 3 个，所以，需要选取多个隔离体才能求出所有的约束反力。

例 3 – 9　求图 3 – 19(a)所示刚架所受约束反力。

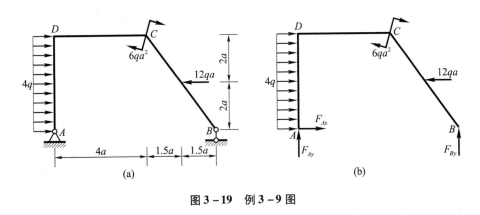

图 3 – 19　例 3 – 9 图

解： 对于图 3 – 19(a)所示简支刚架，取整体为研究对象，受力图如图 3 – 19(b)所示。

考虑静力平衡

$$\sum F_x = 0, \ F_{Ax} = 12qa - 4q \cdot 4a = -4qa(向左)$$

$$\sum M_A = 0, \ F_{By} = \frac{6qa^2 + \frac{1}{2} \times 4q \times (4a)^2 - 12qa \times 2a}{4a + 1.5a + 1.5a} = 2qa(向上)$$

$$\sum F_y = 0, \ F_{Ay} = -F_{By} = -2qa \ (向下)$$

例 3 - 10 求图 3 - 20(a) 所示三铰刚架的支座反力。

解：(1) 取整体为研究对象，受力图如图 3 - 20 (b) 所示。

考虑静力平衡，由

$$\sum M_B = 0, \ F_{Ay} \times 8a = 4a \times q \times 6a, \ F_{Ay} = 30a \ (向上)$$

$$\sum F_y = 0, \ F_{By} = 10a \ (向上)$$

(2) 取 CB 为研究对象，受力图如图 3 - 20 (c) 所示。

考虑静力平衡，由

$$\sum M_C = 0, \ F_{By} \times 4a = -F_{Bx} \times 7a, \ F_{Bx} = -\frac{40a}{7} = -5.714a \ (向左)$$

(3) 再以整体为研究对象，考虑静力平衡，由

$$\sum F_x = 0, \ F_{Ax} = -F_{Bx} = \frac{40a}{7} = 5.714a \ (向右)$$

经校核无误。

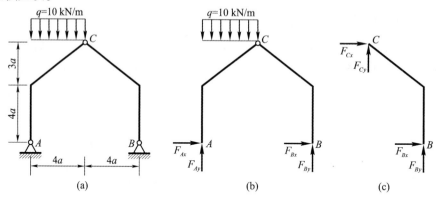

图 3 - 20 例 3 - 10 图

3.2.3 静定平面刚架的内力及内力图

在确定了刚架的约束反力后，用截面法求得每个控制点的内力值，控制点的选取可以是外力改变点（集中力作用点、集中力偶作用点、均布荷载的起点和终点），也可以是各杆的杆端（在刚架内力计算时，一般选择各杆杆端为控制点），逐杆求出各杆端内力。然后利用杆端内力分别作各杆的内力图，各杆的内力图合在一起就是刚架的内力图。

1. 静定平面刚架的内力计算

例 3 - 11 计算图 3 - 21(a) 所示悬臂刚架各杆杆端内力。

解：(1) 取 AB 为研究对象，其受力情况如图 3 - 21 (b) 所示。

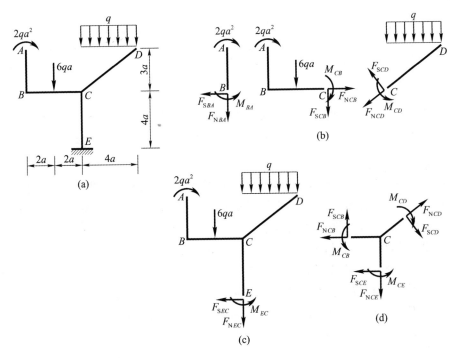

图 3 – 21   例 3 – 11 图

考虑静力平衡条件, 由

$$\sum M_B = 0, \; 2qa^2 - M_{BA} = 0, \; M_{BA} = 2qa^2 \text{(左侧受拉)}$$

$$\sum F_x = 0, \; F_{SBA} = 0$$

$$\sum F_y = 0, \; F_{NBA} = 0$$

(2) 取 ABC 为研究对象, 画出 ABC 杆的受力图如图 3 – 21 (b) 所示。

考虑静力平衡条件, 由

$$\sum M_C = 0, \; -2qa^2 - M_{CB} + 6qa \times 2a = 0, \; M_{CB} = 10qa^2 \text{(上侧受拉)}$$

$$\sum F_y = 0, \; F_{SCB} = -6qa$$

$$\sum F_x = 0, \; F_{NCB} = 0$$

(3) 取 CD 为研究对象, 其受力图如图 3 – 21(b) 所示。

考虑静力平衡条件, 由

$$\sum M_C = 0, \; M_{CD} - q \frac{(4a)^2}{2} = 0 \;\; M_{CD} = 8qa^2 \text{(上侧受拉)}$$

$$\sum F_x = 0, \; F_{NCD} + 4qa \times \frac{3}{5} = 0, \; F_{NCD} = -2.4qa \text{(受压)}$$

$$\sum F_y = 0, \; F_{SCD} - 4qa \times \frac{4}{5} = 0, \; F_{SCD} = 3.2qa$$

(4) 取整体为研究对象, 其受力图如图 3 – 21(c) 所示。

考虑静力平衡条件，由

$$\sum M_E = 0, M_{EC} - q\frac{(4a)^2}{2} - 2qa^2 + 6qa \times 2a = 0, M_{EC} = -2qa^2(右侧受拉)$$

$$\sum F_x = 0, F_{SEC} = 0$$

$$\sum F_y = 0, F_{NEC} = -6qa - 4qa = -10qa(受压)$$

（5）取结点 C 的力矩平衡，画出杆端力矩受力图，如图 3 – 21(d) 所示。由

$$\sum M_C = 0, M_{CB} + M_{CE} - M_{CD} = 0, M_{CE} = -2qa^2(右侧受拉)$$

2. 静定平面刚架的内力图

在逐杆求出各杆端内力后，可以利用叠加原理作出结构的内力图。在绘制内力图时，弯矩图画在杆件受拉一侧，标明大小，不标正负号；剪力和轴力的符号规定与梁相同，剪力图和轴力图画在杆的任一侧，要标明正负号。

例 3 – 12　试作例 3 – 11 中图 3 – 21(a) 的内力图。

解： 在例 3 – 11 中已求出各杆杆端内力。

$$F_{SBA} = 0, F_{NBA} = 0, M_{BA} = 2qa^2(左侧受拉)$$

$$F_{SCB} = -6qa, F_{NCB} = 0, M_{CB} = 10qa^2(上侧受拉)$$

$$F_{SCD} = 3.2qa, F_{NCD} = -2.4qa(受压), M_{CD} = 8qa^2(上侧受拉)$$

$$F_{SEC} = 0, F_{NEC} = -10qa(受压), M_{EC} = -2qa^2(右侧受拉)$$

$$M_{CE} = -2qa^2(右侧受拉)$$

根据叠加原理及内力图特征，可作出其内力图，如图 3 – 22 所示。

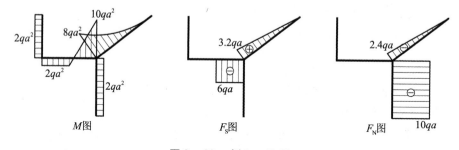

图 3 – 22　例 3 – 12 图

例 3 – 13　试作图 3 – 23(a) 所示刚架的内力图。

解： 计算支座反力，由刚架的整体平衡

$$\sum F_x = 0, F_{Ax} = 48 \text{ kN}$$

$$\sum M_A = 0, F_B = 42 \text{ kN}$$

$$\sum F_y = 0, F_{Ay} = 22 \text{ kN}$$

作弯矩图，控制截面弯矩为

$$M_{CD} = \frac{1}{2}ql^2 = 48 \text{ kN} \cdot \text{m}$$

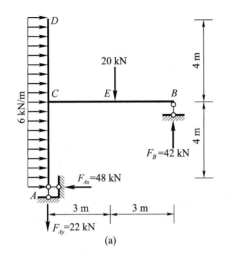

(a)

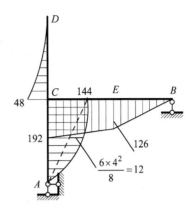

(b) M 图 (单位 kN·m)

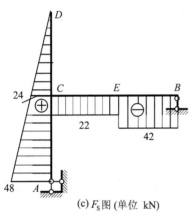

(c) F_S 图 (单位 kN)

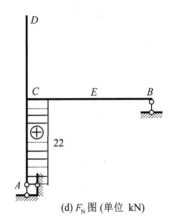

(d) F_N 图 (单位 kN)

图 3 - 23　例 3 - 13 图

$$M_{BE} = 0, \quad M_{EB} = M_{EC} = 126 \text{ kN} \cdot \text{m}$$

$$M_{CB} = 192 \text{ kN} \cdot \text{m}$$

$$M_{AC} = 0, \quad M_{CA} = 144 \text{ kN} \cdot \text{m}$$

作弯矩图, 如图 3 - 23(b) 所示。

作剪力图, 控制截面剪力为

$$F_{SDC} = 0, \quad F_{SCD} = 24 \text{ kN}$$

$$F_{SBE} = -42 \text{ kN}, \quad F_{SEC} = -22 \text{ kN}$$

$$F_{SAC} = 48 \text{ kN}, \quad F_{SCA} = 24 \text{ kN}$$

作剪力图, 如图 3 - 23(c) 所示。

作轴力图, 控制截面轴力为

$$F_{NCD} = 0, \quad F_{NCB} = F_{NBC} = 0, \quad F_{NCA} = F_{NAC} = 22 \text{ kN}$$

作轴力图, 如图 3 - 23(d) 所示。

例 3 - 14　试作图 3 - 20(a) 所示三铰刚架的内力图。

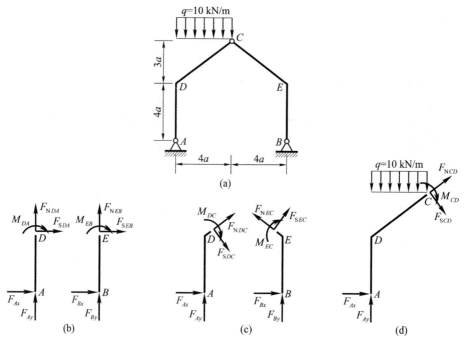

图 3 – 24 例 3 – 14 图

解:(1)求支座反力。

由例 3 – 10 可知,A、B 处的支座反力为:

$$F_{Ay} = 30a \ (\text{向上}), \quad F_{By} = 10a \ (\text{向上}),$$

$$F_{Bx} = -\frac{40a}{7} = -5.714a \ (\text{向左}), \quad F_{Ax} = -F_{Bx} = \frac{40a}{7} = 5.714a \ (\text{向右})$$

(2)求各杆杆端内力。

① 取 AD 为研究对象,受力图如图 3 – 24(b)所示。

$$\sum M_D = 0, \quad M_{DA} = F_{xA} \times 4a = 16qa^2/7 \quad (\text{左侧受拉})$$

由结点 D 的平衡,$M_{DC} = 16qa^2/7$(外侧受拉)

$$\sum F_x = 0, \quad F_{SDA} = -4qa/7$$

$$\sum F_y = 0, \quad F_{NDA} = -3qa$$

② 取 EB 为研究对象,受力图如图 3 – 24(b)所示。

$$\sum M_E = 0, \quad M_{EB} = -16qa^2/7 \quad (\text{右侧受拉})$$

由结点 E 的平衡,$M_{EC} = -16qa^2/7$(外侧受拉)

$$\sum F_x = 0, \quad F_{SED} = -4qa/7$$

$$\sum F_y = 0, \quad F_{NED} = -qa$$

③ 从 D 结点上侧截断,取 AD 为研究对象,受力图如图 3 – 24(c)所示。

$$\sum F_x = 0, \quad F_{SDC} + F_{Ax}\sin\beta - F_{Ay}\cos\beta = 0, \quad F_{SDC} = 2.057qa$$

$$\sum F_y = 0, F_{NDC} + F_{Ax}\cos\beta + F_{Ay}\sin\beta = 0, F_{NDC} = -2.257qa$$

④ 从 E 结点上侧截断，取 EB 为研究对象，受力图如图 3 – 24（c）所示。

$$\sum F_x = 0, F_{NEC} + F_{Bx}\sin\beta + F_{By}\cos\beta = 0, F_{NEC} = -1.057qa$$

$$\sum F_y = 0, F_{SEC} + F_{Bx}\cos\beta - F_{By}\sin\beta = 0, F_{SEC} = -0.257qa$$

⑤ 取 ADC 为研究对象，受力图如图 3 – 24（d）所示。

$$\sum F_x = 0, F_{SCD} + F_{Ax}\sin\beta - F_{Ay}\cos\beta + 4qa\cos\beta = 0, F_{SCD} = -1.143qa$$

$$\sum F_y = 0, F_{NCD} + F_{Ax}\cos\beta + F_{Ay}\sin\beta - 4qa\sin\beta = 0, F_{NCD} = 0..143qa$$

经校核无误。

（3）根据叠加原理及内力图特征，可作出其内力图，如图 3 – 25 所示。

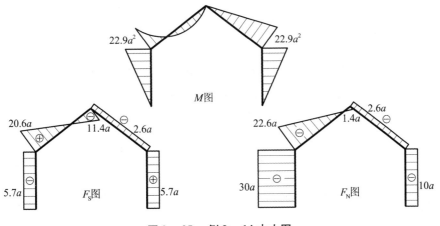

图 3 – 25　例 3 – 14 内力图

例 3 – 15　绘制例 3 – 9 中图 3 – 19(a) 的内力图。

解:（1）求约束反力。

由例 3 – 9 可知，A、B 处的支座反力为:

$$F_{Ax} = -4qa(向左), F_{Ay} = -2qa(向下), F_{By} = 2qa(向上)$$

（2）求各杆杆端内力。

① 取 AD 为研究对象，受力图如图 3 – 26（b）所示。

$$\sum F_x = 0, F_{SDA} = -12qa$$

$$\sum F_y = 0, F_{NDA} = 2qa$$

$$\sum M_D = 0, F_{Ax} \cdot 4a - M_{DA} + 4q(4a)^2/2 = 0, M_{DA} = 16qa^2(左侧受拉)$$

② 由结点 D 的弯矩平衡，$M_{DC} = 16qa^2$（上侧受拉）

③ 取 ACD 为研究对象，受力图如图 3 – 26（c）所示。

$$\sum F_x = 0, F_{NCD} = -12qa$$

$$\sum F_y = 0, F_{SCD} = -2qa$$

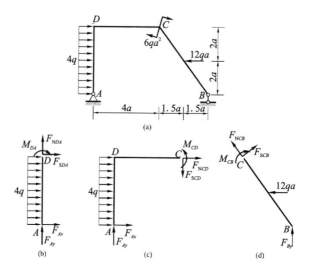

图 3 - 26　例 8 - 15 图

$$\sum M_C = 0, \quad F_{Ax} \cdot 4a - F_{Ay} \cdot 4a + M_{CD} + 4q\,(4a)^2/2 = 0, \quad 得\ M_{CD} = -24qa^2\,(上侧受拉)$$

④ 从 C 结点的右侧截断, 取 BC 为研究对象, 受力图如图 3 - 26 (d) 所示。

$$\sum M_C = 0, \quad M_{CB} = -18qa^2\,(外侧受拉)$$

$$\sum F_x = 0, \quad F_{NCB} = -2qa\sin\beta - 12qa\cos\beta = -8.8qa$$

$$\sum F_y = 0, \quad F_{SCB} = -2qa\cos\beta + 12qa\sin\beta = 8.4qa$$

⑤ B 端剪力与轴力, 把 $F_{By} = 2qa$ 分解即可得到。

$$F_{NBC} = -1.6qa, \quad F_{SBC} = -1.2qa$$

经校核无误。

(3) 根据叠加原理及内力图特征, 可作出其内力图如图 3 - 27 所示。

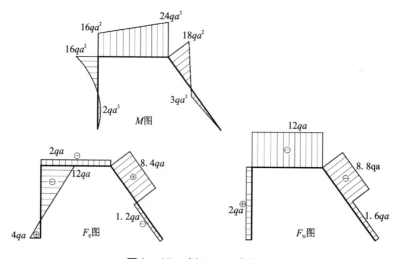

图 3 - 27　例 3 - 15 内力图

本章小结

（1）静定结构计算横截面上内力的基本方法是截面法。一般来说，横截面上的内力有轴力、剪力、弯矩。

（2）截面法：假想用截面截割杆件为两部分，取其中一部分为分离体，用平衡方程求解横截面上的内力。

（3）内力方程与内力图：横截面上的内力值随截面位置不同而变化，表达这一变化规律的函数称为内力方程。表达内力变化的图形称为内力图。

（4）梁的内力图：梁的剪力图正的画在上边，负的画在下边。梁的弯矩图画在受拉一侧。对于多跨梁内力图的绘制，只要分清附属部分与基本部分的传力关系后，把各部分的内力图连在一起即可。

（5）刚架内力图：弯矩图画在杆件受拉一侧，标明大小，不标正负号；剪力图和轴力画在杆的任一侧，要标明大小，标明正负号。对于刚架内力图的绘制，先求支座反力和约束力。作弯矩图时，先求出各杆的杆端弯矩，再按区段叠加法作弯矩图。作剪力图和轴力图时，先求出各杆的杆端剪力和轴力，再按区段作剪力图和轴力图。

（6）作弯矩图的基本方法是区段叠加法：通过控制截面将杆件划分为若干段，无荷载作用梁段弯矩图即为相邻控制截面弯矩纵坐标之间所连直线；有荷载作用梁段，以相邻控制截面弯矩纵坐标之间所连直线为基线，叠加以该段长度为跨度的简支梁在跨间荷载作用下的弯矩图，得最后弯矩图。剪力图和轴力图则将相邻控制截面内力纵坐标之间连以直线即得。

========== 思考与练习 ==========

3-1　如何用截面法求内力？

3-2　构件横截面上的内力可用几个分量表示？它们的正负是如何规定的？

3-3　简述梁段上的外力情况与内力的关系，剪力图、弯矩图的规律和特点。

3-4　刚架的某一刚结点有两个杆件，且无外力偶作用，结点上两杆端的弯矩有何关系？如有外力偶作用，结点上两杆端的弯矩有何关系？

3-5　简述多跨梁中附属部分与基本部分的几何组成特点和受力特点。

3-6　作弯矩图的基本方法是区段叠加法，试叙述区段叠加法作弯矩图的主要步骤。

3-7　刚架的刚结点有何力学特征？如何利用结点的平衡条件检查内力图绘制的正确性？

3-8　试写出题 3-8 图中各梁的剪力方程和弯矩方程，并作出剪力图和弯矩图。

3-9　试利用剪力和弯矩的特点，作出题 3-9 图中各梁的剪力图和弯矩图

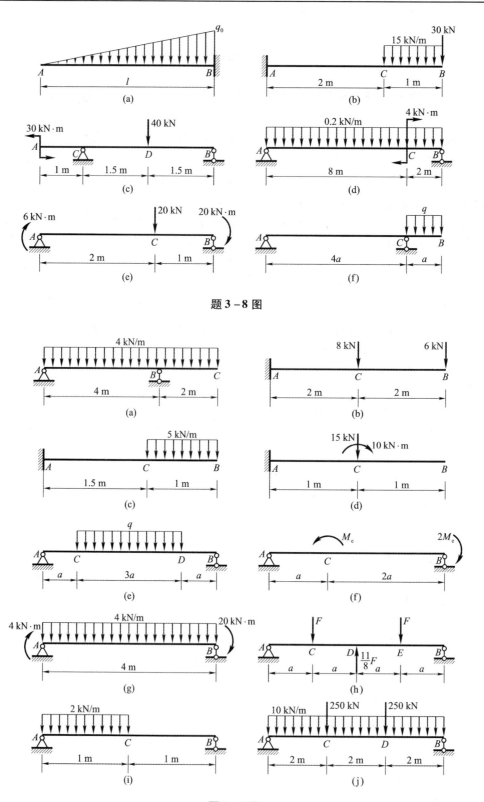

题 3 − 8 图

题 3 − 9 图

3 – 10 试作出题 3 – 10 图中各梁的弯矩图

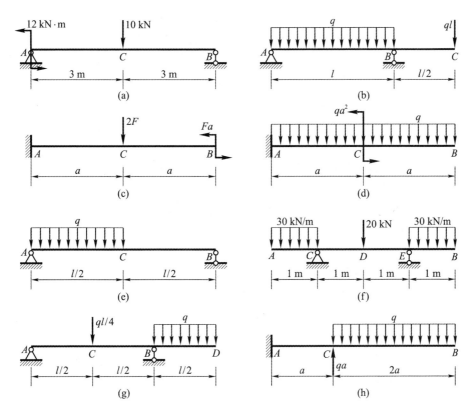

题 3 – 10 图

3 – 11 作出题 3 – 11 图所示多跨静定梁的弯矩图。

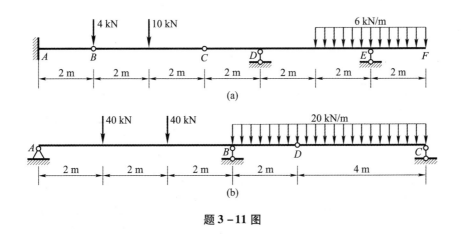

题 3 – 11 图

3 – 12 作出题 3 – 12 图所示刚架的 M 图、F_S 图、F_N 图

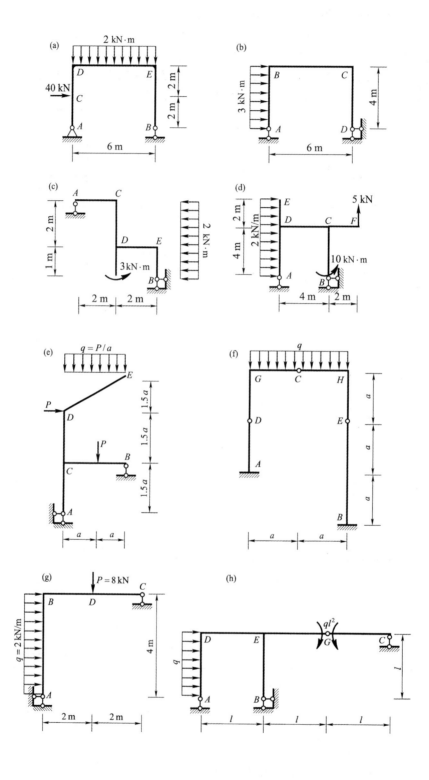

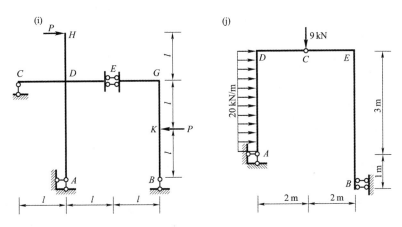

题 3 - 12 图

3 - 13　作出题 3 - 13 图所示结构的弯矩图。

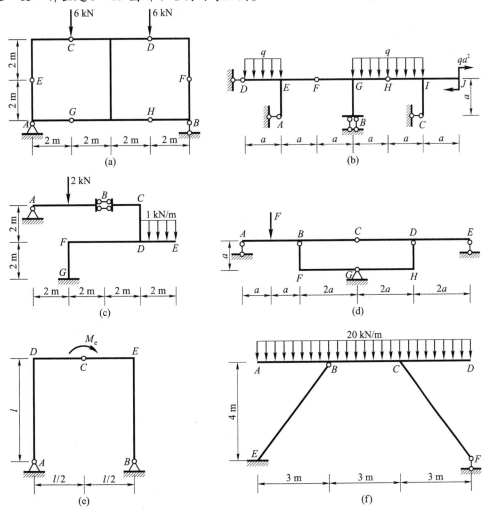

题 3 - 13 图

参考答案(部分习题)

3 - 8   (a) $M_B = -\frac{1}{6}q_0 l^2$; (b) $M_A = -127.5$ kN·m; (c) $M_C = -30$ kN·m; (d) 中点的

弯矩为 1.6 kN·m; (e) $M_C = 36.7$ kN·m; (f) $M_C = -\frac{1}{2}qa^2$

3 - 9   (a) $M_B = -8$ kN·m; (b) $M_A = -40$ kN·m; (c) $M_A = -20$ kN·m;

(d) $M_A = -25$ kN·m; (e) 中点的弯矩为 $\frac{3qa^2}{2}$ kN·m; (f) $M_{C左} = -\frac{1}{3}M_e a$;

(g) 中点的弯矩为 0; (h) $M_D = -\frac{11}{16}Fa$; (i) $M_C = 0.5$ kN·m; (j) 中点的弯矩为

1196 kN·m

3 - 10 (a) $M_C = 9$ kN·m; (b) $M_B = \frac{ql^2}{2}$; (c) $M_A = -Fa$; (d) $M_A = -qa^2$;

(e) $M_C = \frac{ql^2}{16}$; (f) $M_D = 5$ kN·m; (g) $M_B = -\frac{ql^2}{8}$; (h) $M_A = -3qa^2$

3 - 11 (a) $M_A = 18$ kN·m, $M_D = 10$ kN·m, $M_E = 12$ kN·m; (b) $M_{BA} = 120$ kN·m

3 - 12 (a) $F_{Ay} = 2.7$ kN, $F_{Ax} = 10$ kN, $F_{By} = 9.3$ kN;

$M_C = 10 \times 2 = 20$ kN·m, $M_D = 10 \times 4 - 10 \times 2 = 20$ kN·m, $M_E = 0$

(b) $F_{Dx} = 12$ kN, $F_{Dy} = 4$ kN, $F_{Ay} = -4$ kN, $M_{BA} = 24$ kN·m, $M_{CD} = 48$ kN·m;

$F_{SBA} = -12$ kN, $F_{SCD} = 12$ kN; $F_{NBA} = 4$ kN, $F_{NCD} = -4$ kN;

(c) $M_{CA} = M_{CD} = 6$ kN·m, $M_{ED} = M_{EB} = 5$ kN·m, $M_{DC} = 2$ kN·m;

(d) $M_{DE} = 4$ kN·m, $M_{DA} = 16$ kN·m, $M_{DC} = 12$ kN·m;

$M_{CD} = 28$ kN·m, $M_{CB} = 38$ kN·m, $M_{CF} = 10$ kN·m;

(e) $M_{DE} = 2pa$, $M_{DC} = 2pa$, $M_{CD} = 3.5pa$, $M_{CB} = 5pa$, $M_{CA} = 1.5pa$;

(f) $M_{AD} = \frac{qa^2}{2}$, $M_{GD} = \frac{qa^2}{2}$, $M_{HC} = \frac{qa^2}{2}$, $M_{BE} = qa^2$;

(g) $M_{BA} = 16$ kN·m, $M_{DC} = 16$ kN·m;

(h) $M_{DA} = \frac{1}{2}ql^2$, $M_{ED} = 3ql^2$, $M_{EB} = ql^2$, $M_{EG} = 2ql^2$, $M_{GC} = ql^2$;

(i) $M_{DA} = 0$, $M_{DC} = 2pl$, $M_{DH} = pl$, $M_{DE} = pl$, $M_{GB} = pl$;

(j) $M_{DA} = 18$ kN·m, $M_{BE} = 36$ kN·m;

3 - 13 (a) $M_{AE} = 6$ kN·m; (b) $M_{ED} = \frac{ql^2}{2}$, $M_{EA} = \frac{3ql^2}{2}$;

(c) $M_{FG} = 8$ kN·m, $M_{CD} = 4$ kN·m; (d) $M_{HD} = \frac{Pa}{2}$;

(e) $M_{CE} = M$, $M_{EB} = \frac{M}{2}$; (f) $M_{CD} = -90$ kN·m, $M_{CF} = 135$ kN·m, $M_{CB} = -45$ kN·m;

第 **4** 章

三铰拱的内力计算

本章要点

拱形结构的组成和类型及其特点；

三铰拱的支座反力和内力计算以及内力图的绘制；

三铰拱合理拱的概念及合理拱轴线的确定。

4.1 拱的概念及分类

拱在我国建筑结构上的应用已有悠久的历史，如我国河北省建于隋代大业元年至十一年的赵州桥。目前在桥梁和房屋建筑工程中，拱式结构的应用也很广泛，主要应用于礼堂、体育馆和展览馆等大空间的结构中。

构件的轴线通常为曲线，在竖向荷载作用下支座将产生水平反力（称为水平推力）的结构称为拱。

拱的形式有无铰拱、二铰拱、带拉杆拱、三铰拱等，如图 4 - 1 所示。其中三铰拱是静定结构，而两铰拱、无铰拱是超静定结构。

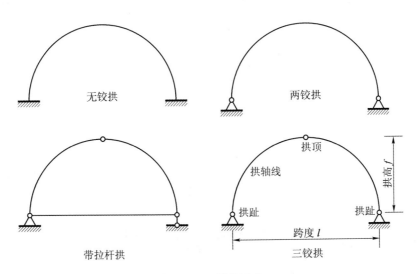

图 4 - 1 拱的形式

拱与同跨度的梁相比较，由于拱有水平推力，其轴线又是曲线，它所受的弯矩远比梁小。

如果合理地选择拱轴的形状,可以使各截面的弯矩减小至最小,甚至全部都等于零,这样,拱的内力主要是轴向压力。对于某些常用的建筑材料,例如砖、石料、混凝土等来说,它们具有较好的抗压强度,抗拉强度较差,采用拱的形式,就能充分发挥材料的优点。而拱形结构由于有水平推力,它需要有坚固而强大的地基基础来支承。为了减轻基础的负担,可以在两个拱趾之间设置一个拉杆,用以代替水平支座链杆。

　　拱的各部分名称如图 4 - 1 所示。拱身各截面形心的连线称为拱轴线,拱结构的最高点称为拱顶,拱与支座的联结处称为拱趾或拱脚,两个拱趾之间的水平距离 l 称为跨度,拱顶到两拱趾连线的竖向距离 f 称为拱高或拱矢。

4.2　三铰拱的支座反力计算

　　三铰拱为静定结构,其支座反力可由静力平衡方程算出。现以图 4 - 2(a) 所示在竖向荷载作用下的三铰拱为例,导出其计算公式。图 4 - 2(b) 所示为与图 4 - 2(a) 具有相同跨度的简支梁,称为代梁。

　　(1) 由拱的整体平衡,$\sum M_B = 0$,

$$F_{AV} \cdot l - \sum_{i=1}^{n} F_i \cdot (l - a_i) = 0 \text{ 得}$$

$$F_{AV} = \frac{\sum_{i=1}^{n} F_i \cdot (l - a_i)}{l} \qquad (4-1)$$

由 $\sum M_A = 0$,$F_{BV} \cdot l - \sum_{i=1}^{n} F_i \cdot a_i = 0$ 得

$$F_{BV} = \frac{\sum_{i=1}^{n} F_i \cdot a_i}{l} \qquad (4-2)$$

由 $\sum F_x = 0$,得

$$F_{AH} = F_{BH} = F_H \qquad (4-3)$$

取顶铰 C 以左的部分为研究对象,由

$$\sum M_C = 0, \quad F_{AV} \cdot l_1 - \sum_{i=1}^{2} F_i(l_1 - a_i) - F_H f = 0,$$

得

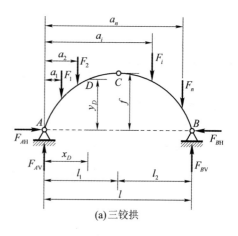

(a)三铰拱

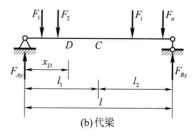

(b)代梁

图 4 - 2　三铰拱

$$F_H = \frac{F_{AV} \cdot l_1 - \sum_{i=1}^{2} F_i(l_1 - a_i)}{f} \qquad (4-4)$$

　　上式中的分子就是代梁在截面 C 的弯矩 M_C^0,所以

$$F_H = \frac{M_C^0}{f} \qquad (4-5)$$

式中：M_C^0 为代梁 C 截面的弯矩。

由式(4 – 5)可知，三铰拱在竖向荷载作用下，其水平反力(推力)与拱的形状无关，仅与 3 个铰的位置有关，而与各铰间的拱轴形状无关。若竖向荷载和拱趾位置不变，则随着拱矢 f 增大，水平推力减小。反之，拱矢 f 减小，水平推力增大。

（2）由代梁的整体平衡，可得

$$F_{AV}^0 = F_{AV} = \frac{\sum\limits_{i=1}^{n} F_i(l - a_i)}{l} \tag{4 – 6}$$

$$F_{BV}^0 = F_{BV} = \frac{\sum\limits_{i=1}^{n} F_i a_i}{l} \tag{4 – 7}$$

这就是说，拱的竖向反力与简支梁的竖向反力相同。

4.3 三铰拱的内力计算及内力图

在求得支座反力后，可以求出拱轴上任一截面的内力。计算内力时，应注意到拱轴为曲线这一特点，所取截面应与拱轴正交，现以图 4 – 2(a) 中任一截面 D 为例，导出内力计算公式。

任一截面 D 的位置取决于该截面形心的坐标 x_D、y_D，以及该处拱轴切线的倾角 φ_D。截面 D 的内力可以分解为弯矩 M_D、剪力 F_{SD} 和轴力 F_{ND}。取截面 D 以左部分为研究对象，受力图如图 4 – 3 所示。

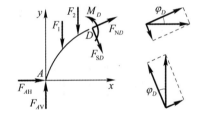

图 4 – 3　拱左部分受力图

1. 弯矩的计算

弯矩符号规定以使拱内侧纤维受拉为正，反之为负。有

$$\sum M_D = 0$$

$$\begin{aligned} M_D &= F_{AV} x_D - F_H y_D - F_1(x_D - a_1) - F_2(x_D - a_2) \\ &= F_{AV}^0 x_D - F_1(x_D - a_1) - F_2(x_D - a_2) - F_H y_D \end{aligned}$$

即得 D 截面的弯矩

$$M_D = M_D^0 - F_H y_D \tag{4 – 8}$$

式中：M_D^0 为代梁对应于 D 处截面的弯矩。

由此可见，由于推力的存在，拱的弯矩比代梁的弯矩要小。

2. 剪力的计算

剪力符号的规定是使截面两侧的脱离体有顺时针转动趋势时为正，反之为负。由平衡方程，得

$$F_{SD} = (F_{AV} - F_1 - F_2) \cdot \cos\varphi_D - F_H \cdot \sin\varphi_D$$

即得 D 截面的剪力

$$F_{SD} = F_{SD}^0 \cdot \cos\varphi_D - F_H \cdot \sin\varphi_D \tag{4 – 9}$$

式中：F_{SD}^0 为代梁截面 D 的剪力，$F_{SD}^0 = F_{AV} - F_1 - F_2$。

3. 轴力的计算

轴力的正负号规定以拉为正，压为负，则有

$$F_{ND} = (F_1 + F_2 - F_{AV}) \cdot \sin\varphi_D - F_H \cdot \cos\varphi_D$$

即得 D 截面的轴力

$$F_{ND} = -F_{SD}^0 \cdot \sin\varphi_D - F_H \cdot \cos\varphi_D \tag{4-10}$$

式(4-8)、式(4-9)及式(4-10)中的 φ_D 由轴线确定，φ_D 的符号在图示坐标系中左半拱为正，右半拱为负。

有了上述公式，则不难求得在竖向荷载作用下任一截面的内力。若荷载不是竖向作用或三铰拱为斜拱(两个拱趾不在一条水平线上)，则上述公式不适用，此时应根据平衡条件直接计算三铰拱的支座反力和内力。

根据上述计算内力的公式，求得竖向荷载作用下任一截面的内力，从而作出三铰拱的内力图。因为三铰拱轴线是曲线形的，它的内力图也是曲线形的，一般需要逐点计算和描绘。其步骤如下：

(1) 计算支座反力。

(2) 沿跨度(或拱轴线)把拱截分为若干相等的小段。

(3) 利用上述计算内力的公式，列表计算各截面的弯矩、剪力和轴力。

(4) 把计算得的各截面弯矩、剪力和轴力数值在水平基线上(或拱轴线上)逐点描出，绘成 M 图、F_S 图、F_N 图。

例 4-1 如图 4-4(a)所示拱轴线方程为 $y = \dfrac{4f}{l^2}x(l-x)$，试求截面 D 的内力。

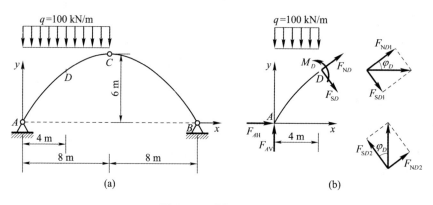

图 4-4 例 4-1 图

解：(1) 求支座反力

取整体为研究对象，有

$$\sum M_A = 0, \quad F_{BV} = 200 \text{ kN}$$

$$\sum F_y = 0, \quad F_{AV} = 600 \text{ kN}$$

取 BC 为研究对象，有 $\sum M_C = 0, \quad F_H = \dfrac{800}{3} \text{ kN} = 267 \text{kN}$

(2) 取 AD 为研究对象，受力图如图 4-4(b)所示。

由图可得

$$x_D = 4 \text{ m}, \quad y_D = \frac{4 \times 6}{16^2} \times 4 \times (16 - 4) \text{ m} = 4.5 \text{ m}$$

$$\tan\varphi_D = y' \mid_{x=4} = \frac{3}{4}, \quad \sin\varphi_D = \frac{3}{5}, \quad \cos\varphi_D = \frac{4}{5}$$

考虑静力平衡条件，有

$$\sum M_D = 0, \quad M_D = F_{AV} \times 4 - F_H \times 4.5 - 100 \times 4 \times 2 = 398.5 \text{ kN} \cdot \text{m}(内侧受拉)$$

建立图 4 − 4(b) 所示坐标系

$$\sum F_x = 0, \quad F_{ND} = -(600 - 400)\sin\varphi_D - \frac{800}{3}\cos\varphi_D = -333 \text{ kN}(压力)$$

$$\sum F_y = 0, \quad F_{SD} = (600 - 400)\cos\varphi_D - \frac{800}{3}\sin\varphi_D = 0$$

例 4 − 2　　如图 4 − 5(a) 所示三铰拱，跨度 $l = 16$ m，拱高 $f = 4$ m，拱轴线方程为 $y = \frac{4f}{l^2}x(l - x)$。均布荷载 $q = 2$ kN/m，集中荷载 $F = 8$ kN。绘制其内力图。

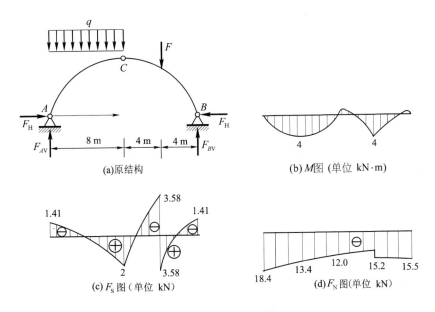

(a)原结构　　　　　　　　　(b) M图（单位 kN·m）

(c) F_S 图（单位 kN）　　　　　　　(d) F_N 图（单位 kN）

图 4 − 5　例 4 − 2 图

解：(1) 求支座反力。

取整体为研究对象，有

$$\sum M_A = 0, \quad F_{BV} = 10 \text{ kN}$$

$$\sum F_y = 0, \quad F_{AV} = 14 \text{ kN}$$

取 BC 为研究对象，有 $\sum M_C = 0$，$F_H = 12$ kN。

(2) 每隔水平距离 2 m 取一截面，把全拱分为 8 小段，共有 9 个截面。

(3) 计算每一截面的 y、$\tan\varphi$、$\sin\varphi$ 和 $\cos\varphi$。利用公式逐一计算各截面的弯矩 M，剪力 F_S

和轴力 F_N。列表计算各截面结果见表 4 – 1。

表 4 – 1　　例 4 – 2 内力计算表

x/m	y/m	$\tan\varphi$	$\sin\varphi$	$\cos\varphi$	F_N/kN	F_S/kN	M/kN
0	0	1	0.707	0.707	– 18.4	+ 1.41	0
2	1.75	0.750	0.599	0.800	– 15.6	+ 0.80	+ 3.00
4	3.00	0.500	0.446	0.895	– 13.4	0	+ 4.00
6	3.75	0.250	0.243	0.970	– 12.1	– 0.97	+ 3.00
8	4.00	0	0	1.000	– 12.0	– 2.00	0
10	3.75	– 0.250	– 0.243	0.970	– 12.1	+ 0.97	– 1.00
12	3.00	– 0500	– 0.446	0.895	– 11.6	+ 3.58	+ 4.00
					– 15.2	– 3.58	
14	1.75	0.750	– 0.599	0.800	– 15.6	– 0.80	– 1.00
16	0	– 1	– 0.707	0.707	– 15.5	+ 1.41	0

（4）根据计算数值，逐点描绘 M 图、F_S 图和 F_N 图，如图 4 – 5（b）、图 4 – 5（c）、图 4 – 5（d）所示。

4.4　三铰拱的合理轴线

拱在荷载作用下，如果能选取一根合适的拱轴线，使得拱上各截面的弯矩均为零，则拱仅仅受到轴力的作用。此时，各截面处于均匀受压的状态，因而材料能得到充分的利用，相应的拱截面尺寸是最小的。从理论上说，设计成这样的拱是最经济的，故称这样的拱轴线为合理轴线。

对于在竖向荷载作用下的三铰拱，可以利用前面的结论求出合理拱轴线，由任一截面的弯矩为

$$M_D = M_D^0 - F_H y_D$$

根据合理拱轴的定义，各截面上的弯矩为零，即：

$$M = M^0 - F_H y = 0$$

解得

$$y = \frac{M^0}{F_H} \qquad (4 - 11)$$

由式（4 – 11）可知，合理拱轴线竖向高度 y 与相应的代梁的弯矩成正比。当拱上的荷载已知时，只要求出代梁的弯矩方程，就可以得到三铰拱的合理拱轴线方程。

例 4 – 3　已知 q、l、f，求图 4 – 6 所示三铰拱的合理拱轴线。

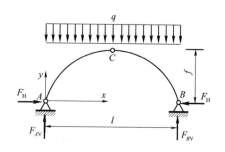

图 4 – 6　例 4 – 3 图

解： 由对称性，$F_{AV} = F_{BV} = \dfrac{1}{2}ql$

取左半部分为研究对象，有

$$\sum M_C = 0,\; F_{AV} \times \frac{1}{2}l - F_H \times f - \frac{1}{2}q\left(\frac{l}{2}\right)^2 = 0,\; F_H = \frac{ql^2}{8f}$$

由式(4 - 11)得到合理拱轴方程

$$y = \frac{M^0}{F_H} = \frac{\dfrac{1}{2}qlx - \dfrac{qx^2}{2}}{\dfrac{ql^2}{8f}} = \frac{4f}{l^2}x(l - x),\; (0 \leqslant x \leqslant l)$$

由此可见，满跨均布荷载作用下，三铰拱的合理轴线是一条二次曲线。

例 4 - 4　求图 4 - 7 所示三铰拱的合理拱轴线，拱高 $f = l$。

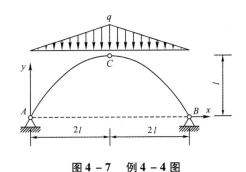

图 4 - 7　例 4 - 4 图

解： 由对称性，$F_{AV} = F_{BV} = ql$

取左半部分为研究对象，有

$$\sum M_C = 0,\; F_{AV} \times 2l - F_H \times l - \int_0^{2l} \frac{qx}{2l}\mathrm{d}x(2l - x) = 0,\; F_H = \frac{4ql}{3}$$

由式(4 - 11)得到合理拱轴方程

$$y = \frac{M^0}{F_H} = \frac{qlx - \dfrac{qx^3}{12l}}{\dfrac{4ql}{3}} = \frac{3x}{4} - \frac{x^3}{16l^2},\; (0 \leqslant x \leqslant 2l)$$

本章小结

（1）三铰拱为静定结构，其支座反力可由静力平衡方程算出。构件的轴线通常为曲线，在竖向荷载作用下支座将产生水平反力。

（2）三铰拱的内力计算：计算三铰拱的内力时，常用截面法求其曲杆内力。为便于计算，将内力计算结果用代梁的弯矩和剪力表示。这样，求三铰拱的内力归结为求水平推力和代梁的弯矩、剪力。

（3）三铰拱轴线是曲线形的，它的内力图也是曲线形的，一般需要逐点计算和描绘。

（4）拱在荷载作用下，如果能选取一根合适的拱轴线，使得拱上各截面的弯矩均为零，则拱仅仅受到轴力的作用。称这样的拱轴线为合理轴线。

思考与练习

4 – 1   拱的类型主要有哪几种？

4 – 2   拱的特点是什么？

4 – 3   在竖向荷载作用下如何计算三铰拱任一截面的内力？

4 – 4   什么是合理拱轴线？

4 – 5   试求题 4 – 5 图所示三铰拱的支座反力。已知 $F = 100 \ \text{kN}$，$q = 20 \ \text{kN/m}$。

4 – 6   题 4 – 6 图所示三铰拱，拱轴线方程为 $y = \dfrac{4f}{l^2}x(l-x)$，$l = 16 \ \text{m}$，$f = 4 \ \text{m}$，$F = 4 \ \text{kN}$。求 D、E 截面的内力。

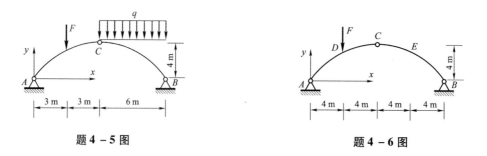

题 4 – 5 图   题 4 – 6 图

4 – 7   题 4 – 7 图所示三铰拱为半圆弧形三铰拱，已知 $\alpha = 30°$，$q = 20 \ \text{kN/m}$，$a = 5 \ \text{m}$，求支座反力和 K 截面的内力。

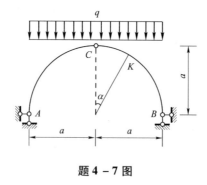

题 4 – 7 图

4 – 8   题 4 – 8 图所示三铰拱为半圆弧形三铰拱，已知 $\alpha = 30°$，$q = 10 \ \text{kN/m}$，$M_e = 10 \ \text{kN} \cdot \text{m}$，$F = 60 \ \text{kN}$，$R = 6 \ \text{m}$，求 K 截面的弯矩。

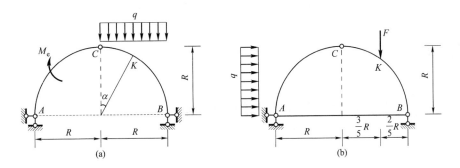

题 4 – 8 图

参考答案（部分习题）

4 – 5 $F_{AV}105$ kN, $F_{BV} = 115$ kN, $F_H = 82.5$ kN

4 – 6 $M_D = 6$ kN·m, $M_E = -2$ kN·m, $F_{SD左} = 1.8$ kN, $F_{ND左} = 3.12$ kN

4 – 7 $F_{AV} = F_{BV} = 100$ kN, $F_H = 50$ kN

$\quad$ $F_{SK} = -18.3$ kN, $F_{NK} = -68.3$ kN, $M_K = -29$ kN·m

4 – 8 （a）$M_K = 1.08$ kN·m （b）$M_K = 21.6$ kN·m

第 5 章

桁架和组合结构的内力计算

本章要点

桁架结构的几何组成;

理想桁架的概念和三条假定;

静定平面桁架的内力计算方法;

判定零杆和等力杆;

静定组合结构的受力特点和内力计算方法。

5.1 桁架的组成和特点

梁和刚架在荷载作用下,主要产生弯矩内力,截面上的应力分布是不均匀的。三铰拱由于推力作用,截面上弯矩小而轴力大,应力分布相对均匀。而桁架是由杆系组成的体系,当荷载只作用在结点上时,各杆只有轴力,截面上的应力分布均匀。

杆件轴线都位于同一平面的桁架,称为平面桁架,否则称为空间桁架,本章主要研究平面桁架的内力计算,绝大部分空间桁架都可以简化为平面桁架计算。

由于桁架只受轴力,截面分布均匀,因此可以充分发挥材料的作用,特别是在大跨度的结构中,桁架更是一种重要的结构形式。如由我国工程技术人员自己设计建造的南京长江大桥和武汉长江大桥的主体结构就是桁架结构,如图 5 - 1(a)、图 5 - 1(b)、图 5 - 1(c)、图 5 - 1(d) 所示,图5 - 1(e)、图 5 - 1(f)、图 5 - 1(g)、图 5 - 1(h) 所示的钢筋混凝土屋架和钢木屋架就属于桁架。还有大型的屋架、塔架等。

桁架结构是指若干直杆两端都是用铰相连接组成的结构,并且假设荷载只作用在结点上。实际的桁架结构形式和各杆件之间的联结以及所用的材料是多种多样的,实际受力情况比较复杂,要对它们进行精确的分析是困难的。但根据对桁架的实际工作情况分析和桁架结构实验的结果表明,大多数的常用桁架是由比较细长的杆件所组成,而且承受的荷载大多数都是作用在结点上。结构中所有的杆件在荷载作用下,主要承受轴向力,而弯矩和剪力很小,可以忽略不计。因此,为了简化计算,在取桁架的计算简图时,采取如下假定:即假定桁架的结点都是光滑的铰结点;各杆的轴线都是直线并通过铰的中心;荷载和支座反力都作用在铰结点上,杆件的自重可略去不计(有时可将杆件自重平均分配到杆件两端的结点上,作为荷载的一部分来考虑)。把符合上述假定条件的桁架称为理想桁架。因此,理想桁架中的所有杆件均为二力杆,在杆的截面上只有轴力。

如图 5 - 1(g)、图 5 - 1(h) 所示分别是如图 5 - 1(e)、图 5 - 1(f) 所示桁架的计算简图。

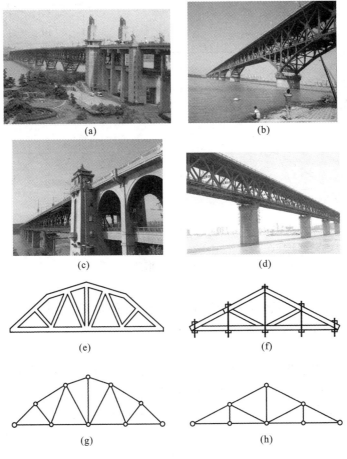

图 5 – 1　桁架计算简图

　　从桁架的几何组成上,桁架可分为静定桁架和超静定桁架。从桁架中的杆件分布上,桁架可分为平面桁架和空间桁架。本章主要研究静定平面桁架的内力计算。

　　静定平面桁架可分为三类

　　(1) 简单桁架:如图 5 – 2(a) 所示,由基础或一个基本铰接三角形开始,逐次增加二元体所组成的桁架。

　　(2) 联合桁架:如图 5 – 2(b) 所示,由几个简单桁架按几何不变体系的组成规则联合组成的桁架。

　　(3) 复杂桁架:如图 5 – 2(c) 所示,与图 5 – 2(a)、图 5 – 1(b) 所示不同,不是按上述两种方式组成的其他桁架。

5.2　桁架的内力计算

　　为了求得桁架结构中的各杆轴力,可以截取桁架中的一部分为隔离体,考虑隔离体的平衡,建立平衡方程,由平衡方程解出杆的轴力。如果隔离体只包含一个结点,这种方法称为

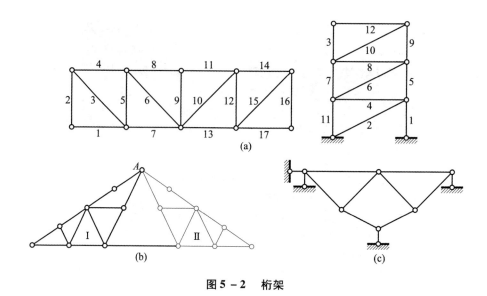

图 5 - 2   桁架

结点法。如果截取的隔离体只包含两个以上的结点,这种方法称为截面法。

结点法主要适用于计算简单桁架。

截面法主要适用于联合桁架和简单桁架中少数杆件的计算。

在具体计算时,规定轴力符号以杆件受拉为正,受压为负。结点隔离体上拉力的指向是离开结点,压力的指向是指向结点。对于方向已知的内力应该按照实际方向画出,对于方向未知的内力,通常假设为拉力,如果计算结果为负值,则说明此内力为压力。

5.2.1   结点法

结点法是把桁架的各个结点分离出来作为隔离体,利用结点的平衡条件,求解各杆的轴力。作用于每一结点上的力(外力和内力)组成一个平面汇交力系,因此,对每一结点可以写出两个平衡方程。应用结点法求轴力时,应该从只有两个未知力的结点开始,逐个截取结点,可求出全部杆件轴力。

应用结点法求桁架内力的步骤可归纳如下:

(1)一般先求支座反力。如果不求反力也可计算内力时,反力可不先求出。

(2)分离出只有两个未知力的结点,根据它的平衡条件,写出平衡方程,求出未知力。

(3)依次取其邻近或其他只具有两个未知力的结点为分离体,分别求出各杆的内力。最后一个结点的平衡条件可用来校核。

计算中应注意以下几种情况,以使得计算简化:

(1)如图 5 - 3(a)所示,不共线的两杆结点,当结点上无荷载作用时,两杆内力为零

$$F_1 = F_2 = 0$$

内力为零的杆件称为零杆。

(2)如图 5 - 3(b)所示,由三根杆构成的结点,当有两杆共线且结点上无荷载作用时,则不共线的第三杆内力必为零,共线的两杆内力相等,符号相同。

$$F_1 = F_2, \quad F_3 = 0$$

（3）如图 5 - 3(c)所示，由四根杆件构成的 K 型结点，其中两杆共线，另两杆在此直线的同侧且夹角相同，当结点上无荷载作用时，则不共线的两杆内力相等，符号相反。

$$F_3 = -F_4$$

（4）如图 5 - 3(d)所示由四根杆件构成的 X 型结点，各杆两两共线，当结点上无荷载作用时，则共线杆件的内力相等，且符号相同。

$$F_1 = F_2, \ F_3 = F_4$$

（5）对称桁架在对称荷载作用下，对称杆件的轴力是相等的，即大小相等，拉压相同；在反对称荷载作用下，对称杆件的轴力是反对称的，即大小相等，拉压相反。

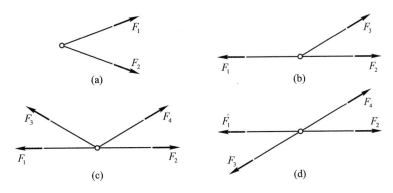

图 5 - 3　桁架结点平衡的特殊情况

计算桁架的内力宜从几何分析入手，以便选择适当的计算方法，灵活地选取隔离体和平衡方程。如有零杆，先将零杆判断出来，再计算其余杆件的内力。以减少运算工作量，简化计算。

例 5 - 1　求出图 5 - 4(a)所示桁架所有杆件的轴力。

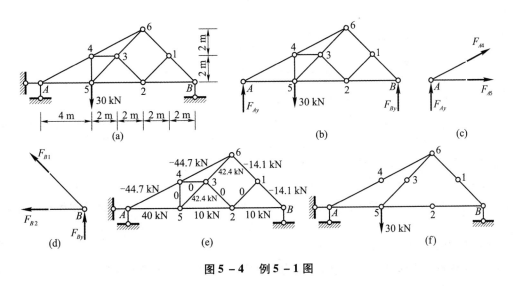

图 5 - 4　例 5 - 1 图

解：由于图示桁架可以按照依次拆除二元体的方法将整个桁架拆完，因此可应用结点法进行计算。

（1）计算支座反力，整体结构的受力图如图 5 - 4（b）所示，由平衡方程可得

$$\sum M_B = 0, \ 30 \times 8 - 12 F_{Ay} = 0, \ F_{Ay} = 20 \text{ kN}$$

$$\sum M_A = 0, \ 12 F_{By} - 30 \times 4 = 0, \ F_{By} = 10 \text{ kN}$$

（2）计算各杆内力。

方法一：

应用结点法，可从结点 A 开始，依次计算结点 A、B、1、2、6、3、4、5。

结点 A，隔离体如图 5 - 4(c)所示

$$\sum F_y = 0, \ F_{A4} \times \frac{2}{2\sqrt{5}} + 20 \text{ kN} = 0, \ F_{A4} = -44.7 \text{ kN（压力）}$$

$$\sum F_x = 0, \ F_{A4} \times \frac{4}{2\sqrt{5}} + F_{A5} = 0, \ F_{A5} = 40 \text{ kN（拉力）}$$

结点 B，隔离体如图 5 - 4(d)所示

$$\sum F_y = 0, \ F_{B1} \times \frac{\sqrt{2}}{2} + 10 \text{ kN} = 0, \ F_{B1} = -14.1 \text{ kN（压力）}$$

$$\sum F_x = 0, \ F_{B1} \times \frac{\sqrt{2}}{2} + F_{B2} = 0, \ F_{B2} = 10 \text{ kN（拉力）}$$

同理依次计算 1、2、6、3、4、5 各结点，就可以求得全部杆件轴力，杆件内力可在桁架结构上直接注明，如图 5 - 4(e)所示。

方法二：

首先进行零杆的判断，利用前面所总结的零杆判断方法，在计算桁架内力之前，进行零杆的判断。

$$F_{12} = F_{23} = F_{43} = F_{45} = 0$$

去掉桁架中的零杆，图示结构则如图 5 - 4(f)所示。

在结点 5 上，F_{53} 内力可直接由平衡条件求出，而不需要求解支座反力。

$$\sum F_y = 0, \ F_{53} \times \frac{\sqrt{2}}{2} = 30 \text{ kN}, \ F_{53} = 42.4 \text{ kN（拉力）}$$

其他各杆件轴力即可直接求出。

由此可见，利用零杆判断的规则可以直接判断出哪几根杆的内力是零，最终只求少数几根轴力不为零的杆件内力即可。在进行桁架内力计算时，可大大减少运算量。

例 5 - 2 求出图 5 - 5(a)所示桁架所有杆件的轴力。

解： 由几何组成分析可知，图示桁架为简单桁架。可采用结点法进行计算。图示结构为对称结构，承受对称荷载，则对称杆件的轴力相等。在计算时只须计算半边结构即可。

（1）求支座反力

根据对称性，支座 A、B 的竖向支反力为：$F_{Ay} = F_{By} = 100 \text{ kN（向上）}$

（2）求各杆件内力

由结点 A 开始(在该结点上只有两个未知内力)，隔离体如图 5 - 5(b)所示。

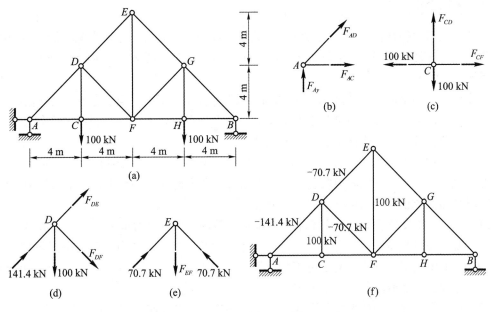

图 5 - 5　例 5 - 2 图

由平衡条件可得

$$\sum F_y = 0, \frac{\sqrt{2}}{2}F_{AD} + F_{Ay} = 0, \ F_{AD} = -141.4 \text{ kN}$$

$$\sum F_x = 0, \frac{\sqrt{2}}{2}F_{AD} + F_{AC} = 0, \ F_{AC} = 100 \text{ kN}$$

结点 C：隔离体如图 5 - 5(c) 所示

由平衡条件可得

$$\sum F_y = 0, \ F_{CD} = 100 \text{ kN}$$

$$\sum F_x = 0, \ F_{CA} = F_{CF} = 100 \text{ kN}$$

结点 D：隔离体如图 5 - 5(d) 所示

由平衡条件：为避免求解联立方程，以杆件 DA、DE 所在直线为投影轴。

$$F_{DE} + 141.4 - 100 \times \frac{\sqrt{2}}{2} = 0, \ F_{DE} = -70.7 \text{ kN}$$

$$F_{DF} + 100 \times \frac{\sqrt{2}}{2} = 0, \ F_{DF} = -70.7 \text{ kN}$$

结点 E：隔离体如图 5 - 5(e) 所示，根据对称性可知 EC 与 ED 杆内力相同。

由平衡条件可得

$$\sum F_y = 0, \ 70.7 \times \frac{\sqrt{2}}{2} + 70.7 \times \frac{\sqrt{2}}{2} - F_{EF} = 0, \ F_{EF} = 100 \text{ kN}$$

所有杆件内力已全部求出，轴力图如图 5 - 5(f) 所示。

5.2.2　截面法

用结点法求解桁架内力时，是按照一定顺序对逐个结点计算，这种方法前后计算互相影响。当桁架结点数目较多时，而问题又只要求计算桁架的某几根杆件的内力，则使用结点法就显得繁琐，可采用另一种方法 —— 截面法。

在计算平面桁架内力时采用适当的截面，截取桁架的一部分（至少包括两个结点）为隔离体，这时隔离体的受力图不再是平面汇交力系，而是平面任意力系，利用平面任意力系的平衡条件求解杆件内力，这种方法叫做截面法。

截面法适用于求解指定杆件的内力，隔离体上的未知力一般不超过三个。在计算中，未知轴力一般假设为拉力。为避免联立方程求解，每一个平衡方程一般包含一个未知力。

应用截面法求桁架内力的步骤可归纳如下：

（1）一般先求支座反力。如果不求反力也可计算内力时，反力也可不必首先求出。

（2）用一假想截面把桁架分成两个部分，截取截面所有的未知力的数目一般不能超过三个，它们的作用线不能交于一点，也不相互平行，如果交于一点或全部平行，则不能列出三个独立的方程，也就不能求出三个未知量。

（3）取其中一部分为分离体，根据它的平衡条件，写出平衡方程，求出未知力。

例 5 – 3　求出图 5 – 6(a) 所示桁架中杆件 1、2、3 的内力。

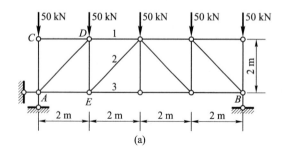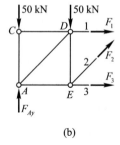

图 5 – 6　例 5 – 3 图

解：（1）求支座反力。

由对称性可得，$F_{Ay} = F_{By} = 125$ kN（向上）

（2）将桁架沿着 1、2、3 杆截开，选取左半部分为研究对象，截开杆件处分别用轴力 F_1、F_2、F_3 代替，如图 5 – 6(b) 所示。列平衡方程：

$$\sum M_E = 0, \ F_1 \times 2 + 125 \times 2 - 50 \times 2 = 0$$

$$\sum F_y = 0, \ F_2 \times \frac{\sqrt{2}}{2} + 125 - 50 - 50 = 0$$

$$\sum F_x = 0, \ F_1 + F_2 \times \frac{\sqrt{2}}{2} + F_3 = 0$$

即可解得

$$F_1 = -75 \text{ kN}, \ F_2 = -35.4 \text{ kN}, \ F_3 = 100 \text{ kN}$$

例 5 - 4　求出图 5 - 7(a) 所示桁架中杆件 1、2、3 的内力。已知：$F_1 = 10$ kN，$F_2 = 7$ kN，各杆长度均为 1 m。

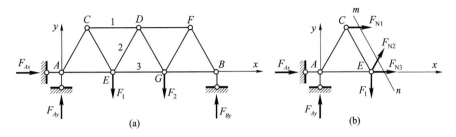

图 5 - 7　例 5 - 4 图

解：(1) 取整体，求支座约束力。

$$\sum F_x = 0, \ F_{Ax} = 0$$

$$\sum F_y = 0, \ F_{Ay} + F_{By} - 10 - 7 = 0$$

$$\sum M_B = 0, \ 10 \times 2 + 7 \times 1 - F_{Ay} \times 3 = 0$$

可解得

$$F_{Ay} = 9 \text{ kN}, \ F_{By} = 8 \text{ kN}$$

(2) 用截面法，取桁架左边部分，如图 5 - 7(b) 所示。

$$\sum F_x = 0, \ F_{N1} + F_{N3} + F_{N2}\cos 60^\circ = 0$$

$$\sum F_y = 0, \ F_{Ay} + F_{N2}\sin 60^\circ - F_{N1} = 0$$

$$\sum M_E = 0, \ - F_{N1} \times 1 \times \cos 30^\circ - F_{Ay} \times 1 = 0$$

可解得

$$F_{N1} = - 10.4 \text{ kN}, \ F_{N2} = 1.15 \text{ kN}, \ F_{N3} = 9.8 \text{ kN}$$

5.2.3　结点法与截面法的联合应用

在桁架计算中，结点法与截面法可联合应用，以便选择最简捷的计算路径，使所用的分离体和所列的方程为最小。

例 5 - 5　求出图 5 - 8(a) 所示桁架中杆件 *CH* 的内力。

解：(1) 求支座约束力，如图 5 - 8(a) 所示。

$$\sum F_y = 0, \ F_A - 60 - 60 + F_B = 0$$

$$\sum M_A = 0, \ - 60 \times 5 - 60 \times 10 + F_B \times 30 = 0$$

解方程得

$$F_A = 90 \text{ kN}, \ F_B = 30 \text{ kN}$$

(2) 取截面 I - I 左侧部分为分离体，如图 5 - 8(b) 所示。

由 $\sum M_F = 0, \ - 90 \times 5 + F_{NDE} \times 4 = 0$

可得

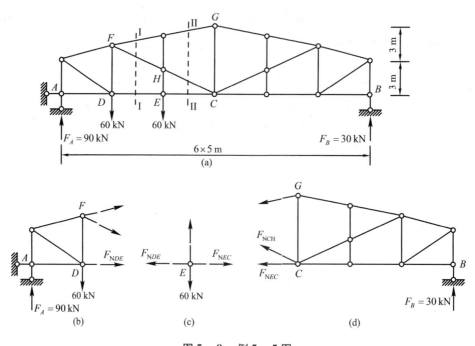

图 5 - 8   例 5 - 5 图

$$F_{NDE} = 112.5 \text{ kN}$$

（3）由结点 E 的平衡，如图 5 - 8(c) 所示。

由 $\sum F_x = 0$，可得

$$F_{NEC} = 112.5 \text{ kN}$$

（4）取截面 Ⅱ - Ⅱ 右侧部分为分离体，如图 5 - 8(d) 所示。

由 $\sum M_G = 0, 30 \times 15 - 112.5 \times 6 - F_{NCH} \times \dfrac{5}{\sqrt{3^2 + 5^2}} \times 6 = 0$

可得

$$F_{NCH} = -40 \text{ kN}$$

例 5 - 6　求出图 5 - 9(a) 所示桁架中 a、b、c 杆的内力。

解：求支座约束力，取整体为研究对象，由平衡方程

$$\sum F_y = 0, \quad F_A - 6F + F_B = 0$$

$$\sum M_A = 0, \quad -4F - 8F - 12F - 16F - 20F - 24\frac{F}{2} + 24F_B = 0$$

解得

$$F_A = 3F, \quad F_B = 3F$$

取截面 I - I 左侧部分为分离体，由结点 K 的受力情况，如图 5 - 9(b)、图 5 - 9(c) 所示，可知

$$F_{Na} = -F_{Nc}$$

由 $\sum F_y = 0, \quad F_A - \dfrac{F}{2} - F - F + F_{Na}\dfrac{3}{5} - F_{Nc}\dfrac{3}{5} = 0$

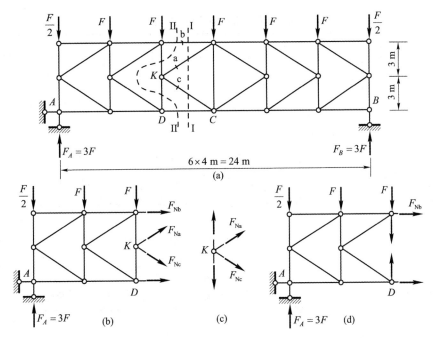

图 5 - 9　例 5 - 6 图

求得

$$F_{Na} = -\frac{5F}{12}$$

再由 $\sum M_C = 0$，即

$$-F_A \cdot 12 + \frac{F}{2} \cdot 12 + F \cdot 8 + F \cdot 4 - F_{Nb} \cdot 6 - F_{Na}\frac{3}{5} \cdot 4 - F_{Na}\frac{4}{5} \cdot 3 = 0$$

可求得

$$F_{Nb} = -\frac{8}{3}F。$$

算法二：作截面 Ⅱ-Ⅱ，如图 5 - 9(d)，取其左侧为分离体。

由 $\sum M_D = 0$，可得

$$F_{Nb} = -\frac{8}{3}F$$

5.2.4　常用梁式桁架的比较

　　工程中常用梁式桁架作为大跨度承重结构，表 5 - 1 介绍了几种常用的梁式桁架，在同样节间数、节间距和同样荷载($F = 1$)下给出了各杆的轴力值。通过对这几种梁式桁架的受力情况作简单的比较，可以了解桁架的形式对内力分布的影响，以及它们的应用范围，以便在结构设计或对桁架作定性分析时，可根据不同的情况和要求，选用适当的桁架形式。

表 5 - 1　　常用的几种梁式桁架

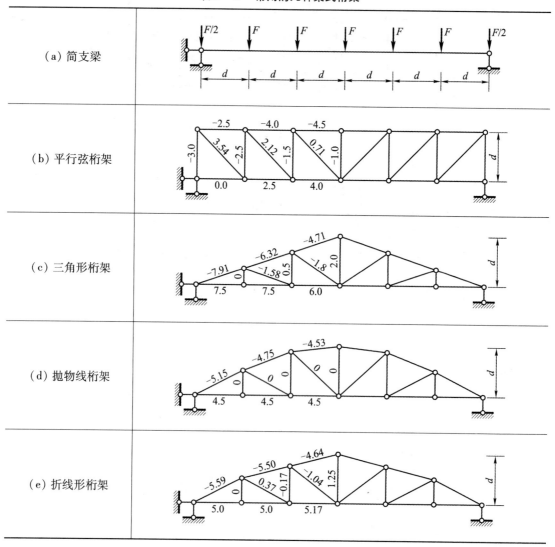

（a）简支梁	
（b）平行弦桁架	
（c）三角形桁架	
（d）抛物线桁架	
（e）折线形桁架	

　　表 5 - 1(c)、表 5 - 1(d)、表 5 - 1(e) 所示分别表示三角形桁架、抛物线形桁架和折线形桁架。它们的桁高 d 和跨度 l 均相同，各桁架上弦结点上作用着相同的单位力(F = 1)，各杆的内力值分别标在杆件上(由于结构和荷载均对称，其内力也对称，故各桁架上只在半边注明内力值)。从各图中可知，桁架弦杆的外形对桁架杆内力的分布有很大的影响。

　　如表 5 - 1(c) 所示三角形桁架的内力分布是不均匀的。其弦杆的内力从中间向支座方向递增，近支座处最大；在腹杆中，斜杆受压，而竖杆则受拉(或为零杆)，而且腹杆的内力是从支座向中间递增。这种桁架的端结点处，上下弦杆之间夹角较小，构造复杂。但由于其两面斜坡的外形符合屋顶构造的要求，所以，在跨度较小、坡度较大的屋盖结构中较多采用三角形桁架。

　　如表 5 - 1(d) 所示抛物线形桁架(上弦结点在一抛物线上) 的内力分布均匀。其从受力角度来看是比较好的桁架形式，但构造和施工复杂。为了节约材料，在跨度为 18 ~ 30 m 的屋架中常采用抛物线形桁架。

　　如表5－1(e)所示折线形桁架是三角形桁架和抛物线形桁架的一种中间形式,其端节间的上弦杆与其他节间的上弦杆不在一直线上,成折线形。由于上弦改成折线,端节间上弦杆的坡度比三角形桁架加大。因此,它的弦杆内力比三角形桁架要小,内力分布比三角形桁架均匀,又克服了抛物线形桁架上弦转折太多而形成的缺点,施工制造方便。它是目前钢筋混凝土屋架中经常采用的一种形式,在中等跨度(18 ~ 24 m)的工业厂房中采用得较多。

5.3　组合结构的计算

　　组合结构是指由链杆(二力杆)和以受弯曲为主的梁式杆组成的结构。经常用于房屋建筑中的屋架、桥梁和吊车梁等承载结构。如图5－10(a)所示为一组合屋架,图5－10(b)所示为组合屋架的计算简图。

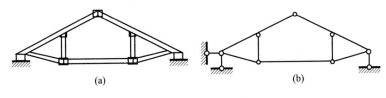

图 5 － 10　组合结构

　　组合结构中链杆为两端铰接杆,内力只有轴力。梁式杆为受弯曲构件,内力一般有轴力、剪力和弯矩。计算组合结构时,一般还是先求支座反力,再求链杆轴力,最后求梁杆的内力并画内力图。计算时特别应注意区分链杆与梁式杆。

　　例5 － 7　求出图5 － 11(a)所示组合结构的内力,$q = 1$ kN/m。

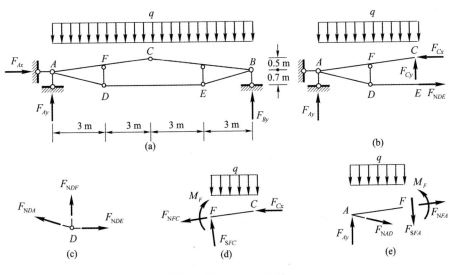

图 5 － 11　例 5 － 7 图

解： 因此组合结构的结构对称，荷载也对称，故其内力也是对称的，只需求出一半结构的内力即可，这里以左半部分为例计算如下。

（1）求支座反力，取整体为分离体，如图 5 – 11（a）所示，列平衡方程可求得支座反力为
$$F_{Ax} = 0, \ F_{Ay} = 6 \text{ kN}, \ F_{By} = 6 \text{ kN}$$

（2）求 F_{NDE}，将 DE 杆截断，并拆开铰 C，取左边为分离体，如图 5 – 11（b）所示。
$$\sum F_x = 0, \ -F_{Cx} + F_{NDE} = 0$$
$$\sum F_y = 0, \ F_{Ay} + F_{Cy} - 6q = 0$$
$$\sum M_C = 0, \ 1 \times 6 \times 3 - 6 \times 6 + F_{NDE} \times 1.2 = 0$$

可解得
$$F_{NDE} = 15 \text{ kN}, \ F_{Cx} = 15 \text{ kN}, \ F_{Cy} = 0$$

对结点 D，如图 5 – 11（c）所示
$$\sum F_x = 0, \ F_{NDE} - \frac{3}{\sqrt{0.7^2 + 3^2}}F_{NDA} = 0$$
$$\sum F_y = 0, \ F_{NDF} + \frac{0.7}{\sqrt{0.7^2 + 3^2}}F_{NDA} = 0$$

可解得
$$F_{NDA} = 15.4 \text{ kN}, \ F_{NDF} = -3.5 \text{ kN}$$

（3）求梁式杆的内力 M、F_S、F_N。

取 FC 段作为分离体，如图 5 – 11（d）所示。

F 端截面弯矩 M_F $\quad \sum M_F = 0, \ 0.25F_{Cx} - M_F - 1 \times 3 \times 1.5 = 0,$
$$M_F = -0.75 \text{ kN} \cdot \text{m}$$

F 端截面剪力 F_{SFC} $\quad \sum M_C = 0, \ \sqrt{3^2 + 0.25^2}F_{SFC} - M_F + 1 \times 3 \times 1.5 = 0,$
$$F_{SFC} = 1.74 \text{ kN}$$

F 端截面轴力 F_{NFC} $\quad \sum F_{FC} = 0$
$$-F_{NFC} - \frac{3}{\sqrt{3^2 + 0.25^2}}F_{Cx} - 1 \times 3 \times \frac{0.25}{\sqrt{3^2 + 0.25^2}} = 0$$
$$F_{NFC} = -15.2 \text{ kN}$$

C 端截面的弯矩 $\quad M_{CF} = 0$

C 端截面的剪力 $\quad F_{SCF} = \frac{-0.25}{\sqrt{3^2 + 0.25^2}}F_{Cx} = -1.25 \text{ kN}$

C 端截面的轴力 $\quad F_{NCF} = \frac{-3}{\sqrt{3^2 + 0.25^2}}F_{Cx} = -15.0 \text{ kN}$

取 AF 段作为分离体，如图 5 – 11（e）所示。可求得

A 端截面的轴力
$$F_{NAF} = -15.4 \times \frac{3}{\sqrt{3^2 + 0.7^2}} \frac{3}{\sqrt{3^2 + 0.25^2}} + (15.4 \times \frac{0.7}{\sqrt{3^2 + 0.7^2}} - 6) \times \frac{0.25}{\sqrt{3^2 + 0.25^2}}$$
$$= -15.2 \text{ kN},$$

A 端截面的剪力

$$F_{SAF} = -15.4 \times \frac{3}{\sqrt{3^2+0.7^2}} \frac{0.7}{\sqrt{3^2+0.25^2}} + (6 - 15.4 \times \frac{0.7}{\sqrt{3^2+0.7^2}}) \times \frac{3}{\sqrt{3^2+0.25^2}}$$

$$= 1.25 \text{ kN}$$

A 端截面的弯矩　　$M_A = 0$

F 端截面剪力 F_{SFA}　　$\sum M_A = 0, M_F - \sqrt{3^2+0.25^2}F_{SFA} - 1 \times 3 \times 1.5 = 0,$

$$F_{SFA} = -1.74 \text{ kN}$$

F 端截面剪力 F_{NFA}　　$\sum F_{FC} = 0$

$$F_{NFA} + 15.4 \times \frac{3}{\sqrt{3^2+0.7^2}} \frac{3}{\sqrt{3^2+0.25^2}} + (6 - 1 \times 3) \times \frac{0.25}{\sqrt{3^2+0.25^2}} = 0$$

$$F_{NFA} = -14.9 \text{ kN}$$

例 5 - 8　分析如图 5 - 12(a) 所示组合结构的内力计算。

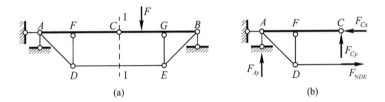

图 5 - 12　例 5 - 8 图

解：利用整体平衡求 A、B 支座反力

作截面 I - I 拆开铰 C 和截断杆件 DE，取分离体如图 5 - 12(b) 所示。

由 $\sum M_C = 0$ 可求得 F_{NDE}。

由结点 D、E 的平衡，可求得 DA、DF、EB、EG 各链杆的内力。

分别取 AC、CB 梁式杆为研究对象，由截面法求其内力 F_N、F_S、M。

进而绘出受梁式杆内力图。

5.4　静定结构的基本特性

静定结构有梁、刚架、桁架、拱和组合结构等类型。虽然这些结构形式有所不同，但它们具有如下共同的特性：

（1）在几何组成方面，静定结构是没有多余联系的几何不变体系。在静力平衡方面，静定结构的全部反力可以由静力平衡方程求得，其解答是唯一的确定值。

（2）因为静定结构的支座反力和内力只用静力平衡条件就可以确定，而不需要考虑结构的变形条件，所以反力和内力只与荷载以及结构的几何形状和尺寸有关，而与构件的材料及其截面形状和尺寸无关。

（3）由于静定结构没有多余联系，因此在温度改变、支座产生位移和制造误差等因素的影响下，不会产生内力和反力，但能使结构产生位移，如图5-13所示刚架，在B点向下产生位移b时，支座A、B上均不产生支座反力，刚架上的杆也不弯曲，即没有内力产生，但是整个刚架均有位移发生。

（4）如果一组平衡力系作用在静定结构上某一几何不变部分，则只会使该部分产生内力外，其余部分不会产生内力。如图5-14所示，受平衡力系作用的桁架，只在粗线所示的杆件中产生内力。反力和其他杆件的内力不受影响。

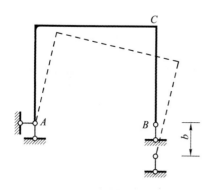

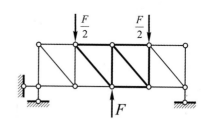

图5-13　静定刚架产生支座移动　　　　图5-14　在平衡力系作用下的桁架

（5）当静定结构的某一内部几何不变部分上的荷载做等效变换时，只有该部分的内力发生变化，其余部分的内力和反力均保持不变。所谓等效变换是指将一种荷载变为另一种等效荷载。如图5-15(a)中所示的荷载q与结点A、B上的两个荷载$ql/2$是等效的。若用图5-15(b)替换图5-15(a)，则只有AB上的内力发生变化，其余各杆的内力不变。这也说明在求桁架其余杆的内力时，可以把非结点荷载等效到结点上。

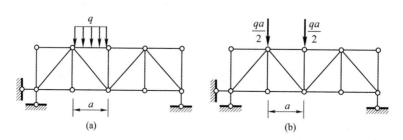

图5-15　荷载等效变换

在工程中，以梁作为承载结构一般跨度不宜过大，刚架、拱和组合结构可用于跨度较大的结构，桁架则常用于跨度更大的结构。不同的结构形式均有其各自适用范围，在选择结构形式时，除从受力状态方面考虑外，还应进行全面的分析和比较，才能获得最佳方案。

本章小结

（1）桁架属于链杆结构，各杆都是两端铰结的二力杆，在桁架只承受结点荷载时，各杆内力只有轴力。

（2）计算桁架内力的基本方法是结点法和截面法。前者以结点为研究对象，用平面汇交力系的平衡方程求解内力；后者以桁架的一部分为研究对象，用平面任意力系的平衡方程求解内力。对于复杂桁架或者某些特殊桁架，应灵活地应用结点法、截面法或二者联合使用。

（3）计算组合结构时，一般还是先求支座反力，再求链杆轴力，最后求梁杆的内力。

（4）静定平面结构的特性：静定结构是没有多余约束的几何不变体系。静定结构的支座反力和内力只用静力平衡条件就可以确定。静定结构在温度改变、支座产生移动和制造误差等因素影响下，不会产生反力和内力，但能使结构产生位移。

━━━━━━━━━━━━━━━ 思考与练习 ━━━━━━━━━━━━━━━

5 – 1　静定平面桁架的组成规则是什么？

5 – 2　什么是理想桁架？

5 – 3　静定平面桁架的受力有什么特点？

5 – 4　计算桁架内力的基本方法是结点法和截面法。应用两种方法时注意什么？

5 – 5　如何判断桁架中的零杆？

5 – 6　组合结构的组成和受力有什么特点？如何计算其内力？

5 – 7　找出题 5 – 7 图中的所有零杆。

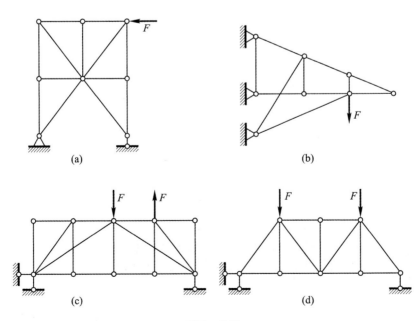

题 5 – 7 图

5-8 求题5-8图所示桁架中各杆件的内力。

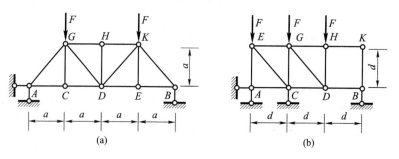

题5-8图

5-9 求题5-9图所示桁架中杆件1、2的内力。

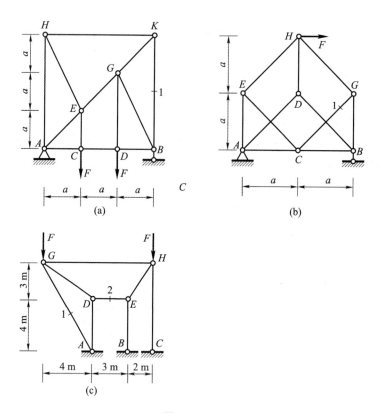

题5-9图

5-10 求题5-10图所示桁架中杆件1、2、3的内力。

5-11 计算题5-11图所示结构，作出梁式杆的弯矩图。

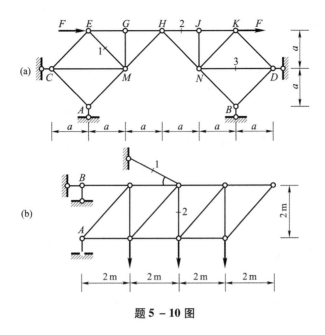

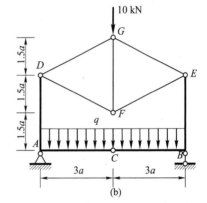

题 5 – 10 图

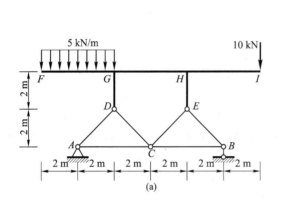

题 5 – 11 图

参考答案（部分习题）

5 – 7　（a）零杆 9 根；（b）零杆 7 根；（c）零杆 9 根；（d）零杆 5 根

5 – 8　（a）$F_{NKH} = -F$，$F_{DE} = F$；（b）$F_{CD} = -F$，$F_{DG} = \sqrt{2}F$

5 – 9　（a）$F_1 = -\dfrac{1}{3}F$；（b）$F_1 = \dfrac{\sqrt{2}}{2}F$；（c）$F_{N1} = 0$；$F_{N2} = -\dfrac{4}{3}P$

5 – 10　（a）$F_1 = -\dfrac{\sqrt{2}}{4}F$，$F_2 = \dfrac{F}{2}$，$F_3 = -\dfrac{F}{4}$；（b）$F_{Nb} = 30 \text{ kN}$，$F_{Na} = 100 \text{ kN}$

5 – 11　（a）$F_{NCD} = -3.5 \text{ kN}$，$M_{HE} = 30 \text{ kN} \cdot \text{m}$　（b）$M_{AD} = 4qa^2$

第 6 章

静定结构的影响线

本章要点

影响线的概念；

用静力法和机动法作静定梁的影响线；

用静力法作静定桁架的影响线；

能够进行影响量值的计算和最不利荷载位置的确定。

6.1 影响线的概念

前面提到的荷载都是位置固定不变的。一般工程结构除了承受固定荷载外，还会受到移动荷载的作用。例如桥梁上承受的列车、汽车和走动的人群等荷载；厂房中的吊车梁承受的吊车荷载等都是移动荷载。移动荷载作用点在结构上是不断移动的。在移动荷载作用下，结构的反力和截面内力随荷载位置的移动而变化，为此需要研究其变化规律。但是不同的反力和不同截面的内力变化规律各不相同，即使同一截面不同的内力变化规律也各不相同。一般一次只研究某一指定量值（例如某一支座反力、某一截面的某一项内力或位移）的变化规律，根据变化规律来确定移动荷载作用下产生的该量值的最大值，并确定产生这一最大值的荷载位置，即该量值的最不利荷载位置。这就是本章的主要内容。

移动荷载的类型很多，实际工程中所遇到的移动荷载通常是间距不变的竖向平行集中荷载或均布荷载，不可能针对每一个结构、每一种移动荷载进行一一分析。一般只需研究具有典型意义的一个竖向单位集中荷载 $F = 1$ 沿结构移动时，某一量值的变化规律，再利用叠加原理进一步研究各种移动荷载对该量值的影响。

下面举例说明影响线的概念。如图 $6-1(a)$ 所示简支梁，当 F 在结构上移动时，讨论支座反力 F_B 的变化规律。取 A 点为坐标原点，横坐标 x 表示荷载的作用位置，向右为正，当 x 为定值时，F 为固定荷载；当 x 为变化值时，F 为移动荷载。变量 x 的取值范围为 $[0, l]$。杆轴线作为基线，纵坐标表示反力 F_B 的数值。

利用平衡条件，可得到 F_B 表达式：

$$\sum M_A = 0, \quad F_B = \frac{x}{l}$$

上式称为支座反力 F_B 的影响线方程，表示了反力 F_B 与荷载位置 x 之间的函数关系。根据上式绘制图形，就得到支座反力 F_B 的影响线，反映了 F 在梁上移动时反力 F_B 的变化规律。上式为 x 的一次方程，所以支座反力 F_B 的影响线是一条直线，只需定出两个竖标即可绘出 F_B 的影响线。

$$A \text{ 点}, x = 0, F_B = 0;$$
$$B \text{ 点}, x = l, F_B = 1$$

在水平基线上对应于梁端 A、B 两点分别画出上述竖标并连以直线，即得 F_B 的影响线。如图 6-1(b) 所示。

从图 6-1 可以看出，当荷载 F 移动到 A、1、2、3、B 各等分点时，反力 F_B 的数值分别为 0、$\frac{1}{4}$、$\frac{2}{4}$、$\frac{3}{4}$、1；当移动到 B 点时反力 F_B 的数值最大，这一荷载位置称为最不利荷载位置。

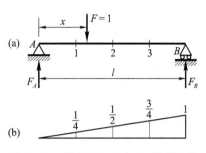

图 6-1　简支梁与反力 F_B 的影响线

综上所述，可得出影响线的定义：当方向不变的单位集中荷载（通常竖向）沿结构移动时，表示结构某一指定量值变化规律的图形称为该量值的影响线。影响线上任一点横坐标 x 表示移动荷载 F 的作用位置，绘制影响线时一般以杆轴线作为基线，纵坐标 y 表示荷载作用于该点时该量值的数值，正号竖标一般绘制在基线的上方。

本章将先讨论静定结构影响线的作法，然后讨论影响线的应用。

6.2　静力法作梁的影响线

静定结构影响线的基本作法有两种，即静力法和机动法。根据静力平衡条件建立影响线方程，由函数作图的方法称作静力法。

静力法作图的一般步骤：

（1）选定坐标系，定坐标原点，并用变量 x 表示单位移动荷载 $F = 1$ 的作用位置；

（2）取隔离体，根据平衡条件确定所求量值与坐标 x 之间的关系式，也就是该量值的影响线方程；

（3）根据影响线方程绘出影响线。

注意：① 正负号规定：一般规定竖向支座反力以向上为正，剪力以使隔离体顺时针旋转为正，弯矩以使梁下部纤维受拉为正；② 正值的竖标画在基线上侧，负值画在基线下侧。并应在影响线的图形上标上正负号和关键点处的值。

6.2.1　简支梁的影响线

1. 支座反力影响线

如图 6-2(a) 所示简支梁，要求绘制支座反力 F_A 的影响线。

首先建立坐标系，取梁的左端点 A 为原点，杆轴线作为水平基线，即 x 轴，向右为正，横坐标 x 表示荷载 F 到点 A 的距离。变量 x 的取值范围 $0 \le x \le l$，以整体作为研究对象，根据力矩平衡条件

$$\sum M_B = 0, \quad F_A = \frac{l - x}{l} \quad (0 \le x \le l)$$

得到支座反力 F_A 的影响线方程。它表示了 F_A 与荷载位置之间的函数关系。上式为 x 的一次方程，所以支座反力 F_A 的影响线是一条直线，只需定出两个竖标即可绘出 F_A 的影响线。

$$A\ 点，x = 0，F_A = 1$$
$$B\ 点，x = l，F_A = 0$$

在水平基线上对应于梁端 A、B 两点分别画出上述竖标并连以直线，即得 F_A 的影响线，如图 6 - 2(b) 所示。

同样的方法绘出反力 F_B 的影响线，如图 6 - 2(c) 所示。

单位荷载是量纲为 1 的量，由此可知反力影响线的竖标量纲也为 1。

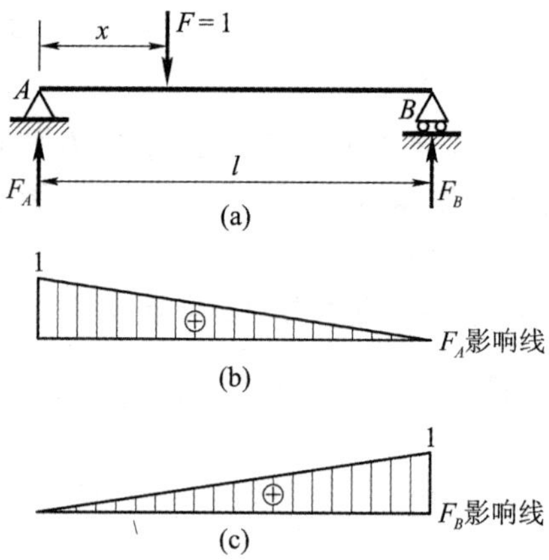

2. 剪力影响线

如图 6 - 3(a) 所示简支梁现在要绘制截面 C 的剪力影响线。当荷载在 C 点左、右两侧移动时 F_{SC} 的表达式不同，应当分别考虑。当 F 在 AC 段移动时，取截面 C 以右的部分为隔离体。根据平衡条件可得：

$$F_{SC} = - F_B，\ F_{SC} = - F_B(0 \leqslant x \leqslant a)$$

由此看出，在 AC 段 F_{SC} 影响线与 F_B 影响线相同，也为直线，但符号相反。因此将 F_B 的影响线反号并取左段即得 F_{SC} 影响线左直线，C 点的竖标为 $-\dfrac{a}{l}$，如图 6 - 3(b) 所示。

图 6 - 2　简支梁支座反力影响线

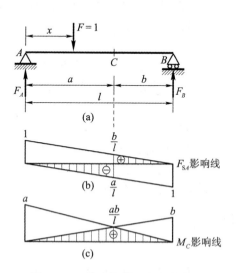

图 6 - 3　简支梁截面内力影响线

同理，当 F 在 BC 段移动时，取截面 C 以左的部分为隔离体，根据平衡条件可得：

$$F_{SC} = F_A(a \leqslant x \leqslant l)$$

由此看出，在 BC 段影响线与 F_A 影响线相同。因此可以利用 F_A 的影响线并取右段即可

得到 F_{SC} 影响线右直线。C 点的竖标为 $\dfrac{b}{l}$，如图 6 - 3(b) 所示。

由上面的分析可以看出，F_{SC} 影响线由两段平行直线组成，直线的斜率大小为 $\dfrac{1}{l}$，同时两段线延长至梁边后，其竖标均为 1，如图 6 - 3(b) 所示。因此这两段直线是平行的。竖标在 C 点有突变，当由 C 点左侧移动到右侧时，截面 C 的剪力值将发生突变，突变值等于 1。当 F 正好作用在 C 点时，F_{SC} 值不确定，竖标没有意义。通常称截面 C 左右两侧的直线分别为左直线和右直线。

剪力影响线的纵坐标量纲为 1。

由上面剪力 F_{SC} 影响线的绘制可以看出，剪力影响线可以利用支座影响线来绘制。这种利用已知量值的影响线来作其他量值的影响线的方法很方便，在后面的内容中经常用到。

3. 弯矩影响线

现在绘制截面 C 的弯矩影响线。当荷载在 C 点左、右两侧移动时 M_C 的表达式不同，应当分别考虑。当 F 在 AC 段移动时，取截面 C 以右的部分 CB 为隔离体，根据平衡条件可得：

$$\sum M_C = 0, \quad M_C = F_B \times b = \frac{x}{l} b \quad (0 \leqslant x \leqslant a)$$

由此看出，在 AC 段 M_C 影响线为一条直线。

$$A \text{ 点}, \ x = 0, \ M_C = 0;$$
$$C \text{ 点}, \ x = a, \ M_C = \frac{ab}{l}.$$

用直线连接两个竖标即可绘出 M_C 影响线左侧部分。另外，左侧部分也可以看成是 F_B 影响线竖标乘以 b 保留其 AC 段。其中 C 点的竖标为 $\dfrac{ab}{l}$，如图 6 - 3(c) 所示。

当 F 在 CB 段移动时，取截面 C 以左的部分 AC 为隔离体，根据平衡条件可得：

$$\sum M_C = 0, \quad M_C = F_A \times a = \frac{l - x}{l} a \quad (a \leqslant x \leqslant l)$$

由此看出，在 CB 段 M_C 影响线仍为一条直线。

$$C \text{ 点}, \ x = a, \ M_C = \frac{ab}{l};$$
$$B \text{ 点}, \ x = l, \ M_C = 0.$$

用直线连接两个竖标即可绘出 M_C 影响线右侧部分。另外，右侧部分也可以看成是 F_A 影响线竖标乘以 a 保留其 CB 段。其中 C 点的竖标仍为 $\dfrac{ab}{l}$。如图 6 - 3(c) 所示。

由图 6 - 3(c) 可以看出，M_C 影响线由两段直线组成，形成一个三角形，顶点正好位于截面 C 处，弯矩达到最大值。M_C 影响线也可以利用支座反力影响线绘制。

弯矩影响线的纵坐标量纲为长度单位。

6.2.2　伸臂梁的影响线

如图 6 - 4(a) 所示伸臂梁，现在绘制指定量值的影响线。

建立坐标系如下：取梁的左端支座点 A 为原点，杆轴线作为水平基线，横坐标 x 表示荷载

F 到点 A 的距离,向右为正。

1. 支座反力影响线

以整体作为研究对象,根据力矩平衡条件,求得两个支座反力:

$$\sum M_B = 0, \quad F_A = \frac{l-x}{l} \quad (-l_1 \leqslant x \leqslant l + l_2)$$

$$\sum M_A = 0, \quad F_B = \frac{x}{l} \quad (-l_1 \leqslant x \leqslant l + l_2)$$

上面两式与简支梁的反力影响线方程完全相同,只是 x 的变化范围扩大为 $-l_1 \leqslant x \leqslant l + l_2$。因此,伸臂梁的反力影响线可以利用简支梁的反力影响线绘出。在跨内与简支梁的反力影响线相同,在伸臂部分只需将直线延长即可,如图 6 – 4(b)、图 6 – 4(c) 所示。

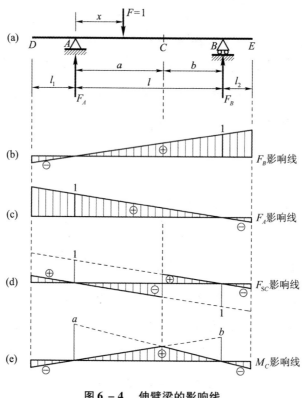

图 6 – 4　伸臂梁的影响线

2. 跨内部分截面内力影响线

现在要绘制伸臂梁 AB 截面 C 的剪力 F_{SC} 和弯矩 M_C 影响线。当 F 在 C 点以左移动时,取截面 C 以右的部分为隔离体。根据平衡条件可得:

$$F_{SC} = -F_B, \quad M_C = F_B b$$

当 F 在 C 点以右移动时,取截面 C 以左的部分为隔离体,可得:

$$F_{SC} = -F_A, \quad M_C = F_A a$$

由此看出,上面两式与简支梁的相应影响线方程相同。因此,只需将简支梁相应截面的影响线向两伸臂部分分别延长即可得到,如图 6 – 4(d)、图 6 – 4(e) 所示。

3. 伸臂部分截面内力影响线

（1）伸臂部分截面 K 的剪力 F_{SK} 和弯矩 M_K 影响线。

如图 6 – 5（a）所示伸臂梁。为了计算方便，以 K 点为原点，x 向左为正。当 F 在截面 K 以左 DK 段移动时，取截面 K 以左的部分为隔离体。根据平衡条件可得：

$$M_K = -x, \quad F_{SK} = -1 \quad (0 \leqslant x \leqslant d)$$

当 F 在截面 K 以右 KE 段移动时，仍取截面 K 以左的部分为隔离体，而这部分无外力作用，所以

$$M_K = 0, \quad F_{SK} = 0$$

这一结果正好符合当荷载作用于基本部分时附属部分不受力的理论，也就是说，只有当荷载作用于 DK 段时，才会对截面 K 的内力产生影响。由此作出 F_{SK} 和 M_K 影响线，如图 6 – 5（b）、图 6 – 5（c）所示。

（2）支座处截面 A 的剪力影响线。

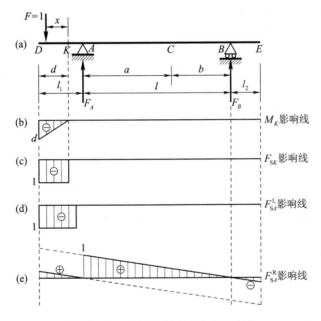

图 6 – 5　伸臂部分截面内力影响线

需要对支座左、右两侧的截面分别讨论，要分清是属于跨内截面还是伸臂部分截面。

例如支座 A 左侧截面的 F_{SA}^L 影响线，可以看作是截面 K 趋近于截面 A 左侧，可以由 F_{SK} 影响线向截面 A 左侧趋近得到。同理，支座 A 右侧截面的影响线 F_{SA}^R 可由跨内截面 C 的 F_{SC} 影响线由截面 C 向截面 A 右侧趋近得到，如图 6 – 5（d）、图 6 – 5（e）所示。

6.2.3　静力法作多跨静定梁的影响线

如图 6 – 6（a）所示为多跨静定梁，图 6 – 6（b）所示为其层叠图，可以看出各部分之间的支承关系。现在作截面 K 的弯矩影响线。

（1）当 $F = 1$ 在 ABC 段移动时，AC 段为基本部分，荷载作用于基本部分 AC 段，CDE 为

附属部分，不受力。因此在 AC 段 M_K 影响线竖标为零。

（2）当 $F = 1$ 在 K 点所属的 CD 段移动时，作为 CD 段附属部分的 EG 段不受力，可以撤去，基本部分支承 CD 段，提供支座反力，相当于 CD 段的支座。所以 M_K 影响线与 CDE 段单独作为伸臂梁时的影响线相同。

（3）当 $F = 1$ 在附属部分 EG 段移动时，对 CD 段来说 EG 段为附属部分，作为基本部分的 CD 段会受力。

分析 EG 段，以 E 点为原点，x 表示 $F = 1$ 到 E 点的距离，得出竖向支座反力

$$F_{Ey} = \frac{l - x}{l}$$

将其反向作用于 CE 段 E 铰点处，如图 6 – 6(c) 所示。根据影响线的定义，在竖直向力 F_{Ey} 作用下，K 截面弯矩为

$$M_K = F_{Ey} \cdot y_E$$

其中，y_E 为一定值，为 CD 段 M_K 影响线在 E 点处竖标。F_{Ey} 是 x 的一次函数，所以 EG 段 M_K 为 x 的一次函数。因此 M_K 影响线在 EG 段必为一条直线。而且可以知道，当 $F = 1$ 在 EG 段移动时，对 CD 段的各种量值均为 x 的一次函数。

定出两点：

当 $F = 1$ 作用于铰点 E 处时，M_K 值可以由 CE 段影响线得出。相应竖标为

$$y = M_K = \frac{l - 0}{l} \cdot y_E = y_E$$

而 $F = 1$ 作用于支座 G 处时，有

$$y = M_K = \frac{l - L}{l} \cdot y_E = 0$$

连接上述两个竖标即可绘出 EF 段 M_K 影响线，如图 6 – 6(d) 所示。

由上述可以总结出利用静力法绘制多跨静定梁影响线的一般方法如下：

（1）当 $F = 1$ 在量值所属的梁段上移动时，量值影响线与单跨梁相同。

（2）当 $F = 1$ 在对量值所属部分为基本部分的梁段上移动时，量值影响线竖标为零。

（3）当 $F = 1$ 在对量值所属部分为附属部分的梁段上移动时，量值影响线为直线；一般在铰处的竖标为已知，在支座处竖标为零，根据上述条件可以绘出该段影响线。

按照上述方法，作出 F_{SB}^L 和 F_G 影响线，如图 6 – 6(e)、图 6 – 6(f) 所示。

6.2.4　内力影响线与内力图的比较

内力影响线与内力图两个概念截然不同。内力影响线表示指定截面内力随单位移动荷载的变化规律。荷载的位置参数即所求内力的截面位置是指定的，但其内力值即影响线竖标在变，竖标表示当移动荷载移动到该位置时指定量值的数值，是因变量。一般来说，对于静定结构，反力和内力的影响线都是由直线组成的。而静定结构的位移、超静定结构的各种量值影响线则为曲线。而内力图表示在实际固定荷载作用下不同截面的内力值。这时荷载位置不变，横坐标 x 即所求内力的截面位置是变化的，是自变量，竖标表示截面的内力，随 x 变化，是因变量。

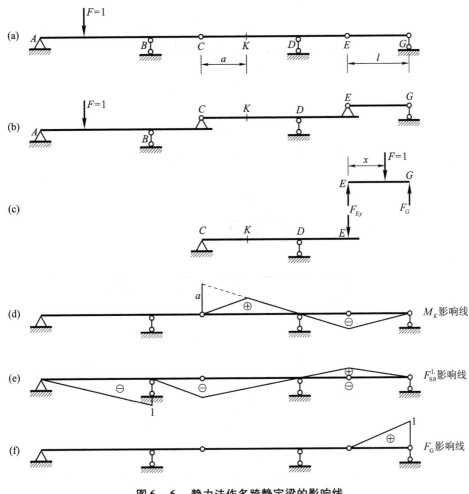

图 6 - 6　静力法作多跨静定梁的影响线

6.3　间接荷载作用下梁的影响线

在桥梁及房屋建筑中的某些主梁计算时，常假定纵梁简支在横梁上，横梁再简支在主梁上，荷载直接作用在纵梁上，通过横梁传给主梁，如图 6 - 7(a) 所示，主梁只在放横梁处(结点处)受到集中力作用。对主梁而言，这种荷载称为间接荷载(或称结点荷载)。下面讨论在间接荷载作用下，主梁各种量值影响线的作法。现以主梁上截面 K 的弯矩影响线为例说明如下：

首先，当荷载 F = 1 移动到各结点处，如 A、C、D、E、B 处时，就相当于荷载直接作用在主梁的结点上。因此，荷载直接作用在主梁上时，M_K 影响线如图 6 - 7(b) 所示，各结点处的纵距与主梁在间接荷载作用下各结点处 M_K 影响线的纵距相同。

其次，考虑荷载 F = 1 在任意两相邻结点 C、D 之间的纵梁上移动时的情况。此时，主梁

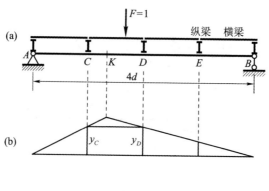

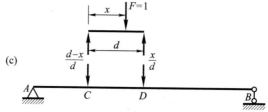

图 6 - 7   结点荷载作用下的影响线

将在 C、D 处分别受到结点荷载 $\dfrac{d-x}{d}$ 及 $\dfrac{x}{d}$ 的作用,如图 6 - 7(c)所示。设直接荷载作用下 M_K 影响线在 C、D 处的竖标分别为 y_C 和 y_D,则根据影响线的定义和叠加原理可知,在上述两结点荷载作用下 M_K 值应为

$$y = \frac{d-x}{d}y_C + \frac{x}{d}y_D$$

这就是一个节间内的 M_K 影响线方程,说明在节间内 M_K 为 x 的一次函数,随 x 呈直线变化,且由当 $x = 0$ 时,$y = y_C$;$x = d$ 时,$y = y_D$ 可知,此直线就是连接竖标 y_C 和 y_D 的直线,如图 6 - 7(b)所示。

由此可知,只要找到直接荷载作用下的 M_K 影响线的各结点竖标,将相邻竖标顶点逐段连以直线,就得到间接荷载下的 M_K 影响线。由图 6 - 7(b)可知,两者在大部分节间的直线段是重合的,只是在截面所在的节间内不同,而且可以看出,不论截面 K 位于节间的哪一处,M_K 影响线都相同。

上面的结论实际上适用于间接荷载作用下任何量值的影响线。由此,可将绘制间接荷载作用下影响线的一般方法归纳如下:

(1)作出直接荷载作用下所求量值的影响线。

(2)取各结点处的竖标,并将其顶点在每一纵梁范围内连成直线。

6.4   静力法作桁架的影响线

用静力法作桁架内力的影响线时,仍然采用截面法和结点法,只不过所作用的荷载是一个移动的单位荷载。$F = 1$ 在不同部分移动时,分别写出所求杆件内力的影响线方程,即可根据方程作出影响线。对于斜杆，为计算方便，可先绘出其水平分力或竖向分力影响线，然后按比例关系求得其内力影响线。桁架通常承受结点荷载，如图 6 – 8(a) 所示桁架，其荷载的传递与图 6 – 8(b) 所示的梁相同，后者称为前者的等代梁。因此，绘制桁架各杆内力的影响线，可以利用结点荷载作用下的梁的影响线的性质。

　　下面以图 6 – 8(a) 所示的简支桁架为例，来说明桁架杆件内力影响线的绘制方法。设荷载 $F = 1$ 沿下弦移动。支座反力的影响线与相应简支梁的相同，不再讨论。

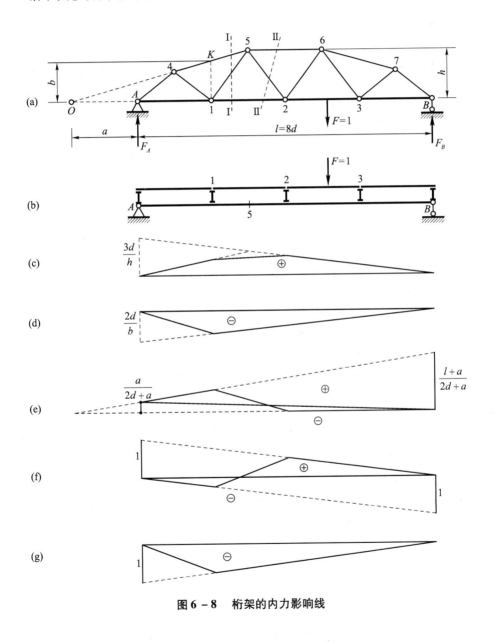

图 6 – 8　桁架的内力影响线

6.4.1　力矩法

求下弦杆 1 – 2 的内力影响线,可作截面 I–I 并以结点 5 为矩心,当 $F = 1$ 在结点 A、1 之间移动时,取截面 I–I 以右的部分为隔离体,由 $\sum M_5 = 0$ 有

$$F_B \times 5d - F_{N12}h = 0$$

得

$$F_{N12} = \frac{5d}{h}F_B$$

由此可知,将反力 F_B 影响线竖标乘以 $\dfrac{5d}{h}$ 并取其对应于结点 A、1 之间的一段,即得到 F_{N12} 在这部分的影响线,称为左直线。

当 $F = 1$ 在被截的结间以右即结点 2、B 之间移动时,取截面 I–I 以左部分为隔离体,由 $\sum M_5 = 0$ 有

$$F_A \times 3d - F_{N12}h = 0$$

得

$$F_{N12} = \frac{3d}{h}F_A$$

由此可知,将反力 F_A 影响线竖标乘以 $\dfrac{5d}{h}$ 并取其对应于结点 2、B 之间的一段,即得到 F_{N12} 在这部分的影响线,称为右直线。

左、右两直线的交点恰在矩心 5 的下面。

根据间接荷载下影响线的性质可知,当 $F = 1$ 在被截的节间内,即在结点 1、2 之间移动时,F_{N12} 影响线在此段应为一直线,即将结点 1、2 处的竖标用直线相连,如图 6 – 8(c) 所示。

F_{N12} 影响线的左、右两直线方程可以合并写为一个式子,即

$$F_{N12} = \frac{M_5^0}{h}$$

式中: M_5^0 是相应的简支梁如图 6 – 8(b) 上对应于矩心 5 处的截面的弯矩影响线,将其竖标除以力臂 h 即得到 F_{N12} 影响线。

又如求上弦杆 4 – 5 的内力影响线,仍取截面 I–I,以结点 1 为矩心,并为了计算方便,将该杆内力在 K 点处分解为水平分力和竖向分力。当 $F = 1$ 在结点 A、1 之间移动时,取截面 I–I 以右部分为隔离体,由 $\sum M_1 = 0$ 有

$$F_B \times 6d + F_{x45}b = 0$$

得

$$F_{x45} = -\frac{6d}{b}F_B$$

当 $F = 1$ 在 2、B 之间移动时,取截面 I–I 以左部分为隔离体,由 $\sum M_1 = 0$ 有

$$F_A \times 2d + F_{x45}b = 0$$

得

$$F_{x45} = -\frac{2d}{b}F_A$$

根据上面两式可分别作出左、右直线。然后,将结点 1、2 处的竖标连以直线,这段直线恰好与右直线重合。由此可绘出 4 - 5 杆的水平分力 F_{x45} 影响线,如图 6 - 8(d) 所示,再根据比例关系便可得到其内力 F_{N45} 影响线。

此时左、右直线的交点在矩心 1 下面。实际上,对于单跨梁式桁架,用力矩法作杆件内力影响线时,左、右直线的交点恒在矩心之下。利用这一特点,只需作出左、右直线中的任一直线,便可绘出其全部影响线。

同样,上述 F_{x45} 影响线方程亦可表示为

$$F_{x45} = -\frac{M_1^0}{b}$$

即可由相应简支梁上矩心 1 处的弯矩影响线除以力臂 b,并反号得到 F_{x45} 影响线。

同样的方法可以求斜杆 1 - 5 的内力(或其分力)影响线,仍作截面 I-I,而取杆1 - 2 和杆 4 - 5 两杆延长线的交点 O 为矩心,并将 1 - 5 杆的内力在结点 1 处分解为水平分力和竖向分力,得竖向分力 F_{y45} 影响线,如图 6 - 8(e) 所示。

6.4.2　投影法

求斜杆 2 - 5 的内力(或其分力)影响线,可作截面 II-II,用投影法来求。当 $F = 1$ 在 A、1 之间时,取截面 II-II 以右部分为隔离体,由 $\sum F_y = 0$ 有

$$F_{y25} = -F_B$$

当 $F = 1$ 在 2、B 之间时,取截面 II-II 以左部分为隔离体,由 $\sum F_y = 0$ 有

$$F_{y25} = F_A$$

根据上面两式可分别作出左、右直线,并在结点 1、2 处连以直线,即得竖向分力 F_{y25} 影响线,如图 6 - 8(f) 所示。

以上 F_{y25} 影响线的左、右两直线方程也可合并为一个式子:

$$F_{y25} = F_{S12}^0$$

这里,F_{S12}^0 是相应简支梁结间 1 - 2 中的任一截面的剪力影响线。

6.4.3　结点法

作端斜杆 A - 4 的内力(或其分力)影响线,可取结点 A 为隔离体来求。由于荷载 $F = 1$ 沿下弦移动,故结点 A 在承重弦上,因而其平衡方程应分别按 $F = 1$ 在该结点和不在该结点两种情况来建立。当 $F = 1$ 不在结点 A(即在结点 1、B 之间移动)时,由结点 A 的 $\sum F_y = 0$ 有

$$F_{yA4} = -F_A$$

当 $F = 1$ 作用于结点 A 时,由结点 A 的 $\sum F_y = 0$ 有

$$F_{yA4} = -F_A + 1 = -1 + 1 = 0$$

据此,并按影响线在各结间内应为直线,即可绘出竖向分力 F_{yA4} 影响线,如图 6 - 8(g) 所示。

在绘制桁架内力影响线时,应注意荷载 $F = 1$ 是沿上弦移动(上承)还是沿下弦移动(下

承），因为在两种情况下所作出的影响线有时是不相同的。

在比较复杂的情况下，绘制桁架某些杆件的内力影响线时，需将结点法和截面法联合应用，且需把其他杆件的内力影响线先行求出，然后根据它们之间的静力学关系，用叠加法来作出所求杆件的内力影响线。

6.5 机动法作梁的影响线

6.5.1 机动法作影响线的原理和步骤

机动法作影响线的依据是虚位移原理，即刚体体系在力系作用下处于平衡的必要和充分条件是：在任何微小的虚位移中，力系所做的虚功总和为零。下面先以图 $6-9(a)$ 所示简支梁的反力 F_A 影响线为例，说明用机动法作影响线的原理和步骤。

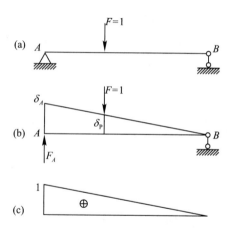

为求反力 F_A，首先去掉与其相应的联系即 A 处的支座链杆，同时代之以正向的反力 F_A，如图 $6-9(b)$ 所示。此时，原结构变为具有一个自由度的几何可变体系。然后，给此体系以微小虚位移，即使刚片 AB 绕 B 支座做微小转动，并以 δ_A 和 δ_P 分别表示力 F_A 和 F 的作用点沿力作用方向上的虚位移。由于体系在 F_A、F、F_B 共同作用下处于平衡状态，故它们所做的虚功总和应等于零，虚功方程为

$$F_A \delta_A + F \delta_B = 0$$

因 $F = 1$，故得：

$$F_A = -\frac{\delta_P}{\delta_A}$$

图 6 – 9   机动法作影响线的原理

式中：δ_A 为力 F_A 的作用点沿其方向上的位移，在给定的虚位移下它是常数；δ_P 则为在荷载 $F = 1$ 作用点沿其方向上的位移，由于 $F = 1$ 是移动的，因而 δ_P 图形就是荷载所沿着移动的各点的竖向虚位移图。可见，F_A 影响线与位移图 δ_P 是成正比的，将位移图的竖标 δ_P 除以 δ_A 并反号，就得到 F_A 的影响线。为方便起见，可令 $\delta_A = 1$，则上式成为 $F_A = -\delta_P$，也就是此时的虚位移图 δ_P 便代表 F_A 的影响线，如图 $6-9(c)$ 所示，只是符号相反。但注意到 δ_P 是以与力 F 方向一致为正，即以向下为正，因而可知：当 δ_P 向下时，F_A 为负；当 δ_P 向上时，F_A 为正，这就恰与影响线中正值的竖标绘在基线上方相一致。

由上可知，欲作某一量值（反力或内力）S 的影响线，只需将与 S 相应的联系去掉，并使所得体系沿 S 的正方向发生单位虚位移，则由此得到的荷载作用点的竖向位移图即代表 S 的影响线。这种作影响线的方法便称为机动法。

机动法的优点在于不必经过具体计算就能迅速绘出影响线的轮廓，这对设计工作很有帮助，同时亦便于对静力法作出的影响线进行校核。

6.5.2 机动法作简支梁的影响线

以图 $6-10(a)$ 所示简支梁截面 C 的
弯矩和剪力影响线为例，来进一步说明机
动法的应用。作弯矩 M_C 影响线时，首先撤
去与 M_C 相应的联系，即将截面 C 改为铰
结，并加一对等值反向的力偶 M_C 代替原
有联系的作用。然后，使 AC、CB 两刚片沿
M_C 的正方向发生虚位移，如图 $6-10(b)$
所示，并写出虚功方程：

$$M_C(\alpha + \beta) + F\delta_P = 0$$

得

$$M_C = -\frac{\delta_P}{\alpha + \beta}$$

式中 $\alpha + \beta$ 是 AC 与 BC 两刚片的相对转角。
若令 $\alpha + \beta = 1$，则所得竖向位移图即为 M_C
影响线，如图 $6-10(c)$ 所示。所谓令
$\alpha + \beta = 1$，并不是说在给体系以虚位移时
要使相对转角 $\alpha + \beta$ 等于 1rad。虚位移 $\alpha +$
β 应是微小值，从而在图 $6-10(b)$ 中可认
为 $AA_1 = a(\alpha + \beta)$，然后需将此虚位移图
的竖标除以 $\alpha + \beta$，以求得 M_C 影响线，这
样便有 $\dfrac{AA_1}{\alpha + \beta} = \dfrac{a(\alpha + \beta)}{\alpha + \beta} = a$。可见，在图
$6-10(c)$ 中所谓令 $\alpha + \beta = 1$，实际上只是
相当于把图 $6-10(b)$ 的微小虚位移图的
竖标除以 $\alpha + \beta$，或者说乘以比例系
数 $\dfrac{1}{\alpha + \beta}$。

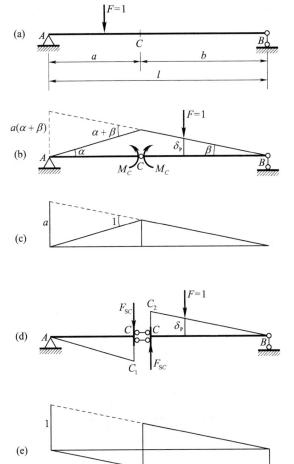

图 6 – 10 机动法作简支梁影响线

若作剪力 F_{SC} 影响线，则应撤去与 F_{SC}
相应的联系，即将截面 C 处改为用两根水平链杆相连(这样，该截面不能抵抗剪力但仍能承
受弯矩和轴力)，同时加上一对正向剪力 F_{SC} 代替原有联系的作用，如图 $6-10(d)$ 所示。然
后，再令该体系沿 F_{SC} 正方向发生虚位移。由虚功原理有：

$$F_{SC}(CC_1 + CC_2) + F\delta_P = 0$$

得

$$F_{SC} = -\frac{\delta_P}{CC_1 + CC_2}$$

这里，$CC_1 + CC_2$ 为 C 左右两侧的相对竖向位移。若令 $CC_1 + CC_2 = 1$，则所得的虚位移
图即为 F_{SC} 影响线，如图 $6-10(e)$ 所示。注意到 AC 与 BC 两刚片间是用两根平行链杆相连，

它们之间只能做相对的平行移动，故在虚位移图中 AC_1 和 C_2B 两直线为平行线，亦即 F_{SC} 影响线的左、右两直线是相互平行的。

最后，注意到虚位移图 δ_P 是指荷载 $F = 1$ 作用点的位移图，因为荷载是在纵梁上移动的，因此用机动法作间接荷载下的影响线时，δ_P 应是纵梁的位移图，而不是主梁的位移图。

6.5.3 机动法作静定多跨梁的影响线

此外，用机动法来绘制多跨静定梁影响线很方便。首先去掉与所求反力或内力 S 相应的连系，然后使所得体系沿 S 的正方向发生单位位移，此时根据每一刚片的位移图应为一段直线，以及每一竖向支座处竖向位移为零，便可迅速地绘出各部分的位移图，如图 6 – 11 所示各量值的影响线。

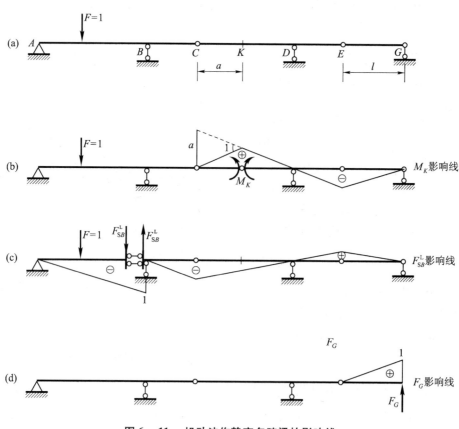

图 6 – 11   机动法作静定多跨梁的影响线

应注意撤去约束后虚位移图形的特点，应弄清楚哪些部分可以发生虚位移，哪些部分不能发生虚位移。属于附属部分的量值，体系只在附属部分发生虚位移，基本部分不动，位移图只限于附属部分；属于基本部分的量值，基本部分和其所支承的附属部分都能发生虚位移，位移图在基本部分和其所支承的附属部分都有。

6.6　影响线的应用

前面几节研究了影响线的作法。我们可以利用影响线来求实际移动荷载作用下某一量值的影响量,还可以利用影响线判断移动荷载对某一量值的最不利位置。本节主要讨论上述两个问题。

6.6.1　计算影响量值

1. 集中荷载

现有一组集中荷载 F_1, F_2, $\cdots$, F_n 作用在结构上,某量值 S 的影响线已绘出,如图 6 – 12 所示。各个集中荷载作用点对应的竖标为 y_1, y_2, $\cdots$, y_n,以此来计算量值 S 的大小。根据定义,影响线上的竖标 y 代表单位荷载作用于该处时量值 S 的大小,当集中荷载 F 作用时 $S = Fy$。则根据叠加原理,这组荷载作用下量值 S 值为:

$$S = F_1 y_1 + F_2 y_2 + \cdots + F_n y_n = \sum F_i y_i \qquad (6 - 1)$$

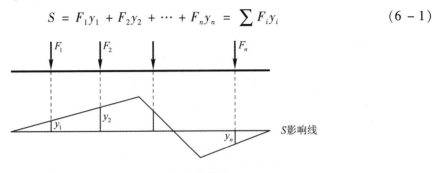

图 6 – 12　一组集中荷载作用

特别地,如果一组集中力作用在影响线某一直线范围内,如图 6 – 13 所示,可以用简化方法计算,即量值 S 值等于这组集中力合力与该合力所对应的影响线竖标的乘积。

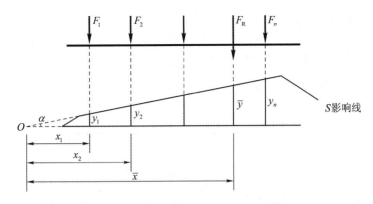

图 6 – 13　一组集中力作用在影响线某一直线范围内

如图将该段影响线延长与基线交于 O 点,则有

$$S = F_1 y_1 + F_2 y_2 + \cdots + F_n y_n = \sum F_i y_i$$

$$= (F_1 x_1 + F_2 x_2 + \cdots + F_n x_n)\tan\alpha = \tan\alpha \sum F_i x_i$$

$\sum F_i x_i$ 为各力对 O 点力矩之和，根据合力矩定理，有

$$\sum F_i x_i = F_R \bar{x}$$

因此：

$$S = F_R (\bar{x}\tan\alpha) = F_R \bar{y} \qquad (6-2)$$

式中：$\bar{y}$ 为合力 F_R 所对应的影响线竖标。

2. 分布荷载

如图 $6-14$ 所示结构在 AB 段承受分布荷载，将分布荷载沿长度分成许多无穷小的微段，则可将微段 dx 上的荷载 $q_x dx$ 看作集中荷载，在 AB 段内产生的量值 S 为：

$$S = \int_A^B q_x y \, dx \qquad (6-3)$$

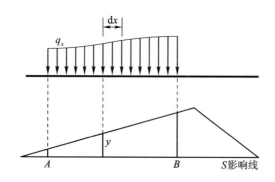

图 6 – 14   分布荷载作用

若 q_x 为均布荷载，则

$$S = \int_A^B q y \, dx = q \int_A^B y \, dx = q A_\omega \qquad (6-4)$$

式中：A_ω 表示影响线图形在 AB 上的面积的代数和。式 $(6-4)$ 表示均布荷载所引起的量值 S 等于荷载集度与受载区段面积的乘积，如图 $6-15$ 所示。应用式 $(6-3)$ 和式 $(6-4)$ 时，要注意面积 A_ω 和竖标 y 的正负号。

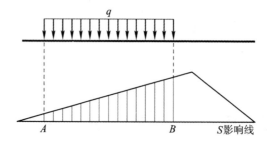

图 6 – 15   分布荷载作用下的量值计算

6.6.2　最不利荷载位置

对于比较简单的荷载，只需对影响线和荷载的特点加以分析和判断，就可定出荷载的最不利位置。但是对于较复杂的移动荷载难以凭直观判断，下面我们分别加以讨论。

1. 单个集中荷载

如图 6 – 16 所示，当移动荷载是单个集中荷载时，凭直观得出最不利位置是此集中荷载作用在影响线的竖标最大（最大正值和最大负值）位置处，得到

$$S_{\max} = F y_{\max}, \; S_{\min} = F y_{\min}$$

2. 可动均布荷载

可动均布荷载又称可以任意断续布置的均布荷载，例如建筑物中的人群荷载等，由于可以任意断续地布置，故不利荷载位置是在正号部分布满荷载产生最大值 $S_{\max}$，在负号部分布满荷载产生最小值 $S_{\min}$，如图 6 – 17 所示。

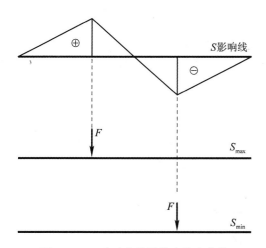

图 6 – 16　移动荷载是单个集中荷载

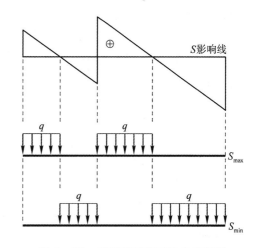

图 6 – 17　移动荷载是可动均布荷载

3. 行列荷载

行列荷载是指一系列间距不变的移动集中荷载（也包括均布荷载），如汽车荷载等，其最不利荷载位置难以直观得出，只能通过寻求 S 的极值条件来解决求 $S_{\max}$ 的问题。一般分两步进行：

（1）求出使量值 S 达到极值的荷载位置。该荷载位置叫作荷载的临界位置。

（2）从荷载的临界位置中找出荷载的最不利位置，亦即从 S 的极大值中找出最大值，从极小值中找出最小值。

下面首先讨论荷载临界位置的判定方法。

图 6 – 18 所示为一组集中荷载，荷载移动时间距和数值保持不变，其量值 S 的影响线为一折线形，各段直线的倾角分别为 α_1，α_2，$\cdots$，α_n，倾角 α 以逆时针转动为正。取坐标轴 x 向右为正，y 轴向上为正。

荷载组作用在图示位置时，产生的量值为 S_1，若每一直线段范围内各荷载的合力分别为 F_{R1}，F_{R2}，$\cdots$，F_{Rn}，则根据叠加原理，并利用合力来计算，可以得到

$$S = F_{R1}y_1 + F_{R2}y_2 + \cdots + F_{Rn}y_n = \sum F_i y_i$$

这里 y_1，y_2，$\cdots$，y_n 分别为各段直线范围内荷载合力 F_{R1}，F_{R2}，$\cdots$，F_{Rn} 对应的影响线的竖标。

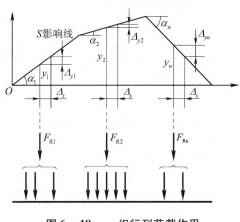

图 6 – 18　一组行列荷载作用

若整个荷载组向右移动微小距离 Δx（向右移动 Δx 为正），且在此微小移动过程中各个集中荷载都没有跨越影响线的顶点，即各个直线段范围内荷载的合力保持不变，则此时产生的量值 S_2 为

$$S_2 = F_{R1}(y_1 + \Delta y_1) + F_{R2}(y_2 + \Delta y_2) + \cdots + F_{Rn}(y_n + \Delta y_n)$$

量值 S 的增量为

$$\Delta S = S_2 - S_1 = F_{R1}\Delta y_1 + F_{R2}\Delta y_2 + \cdots + F_{Rn}\Delta y_n$$

$$= F_{R1}\Delta x \tan\alpha_1 + F_{R2}\Delta x \tan\alpha_2 + \cdots + F_{Rn}\Delta x \tan\alpha_n = \Delta x \sum F_{Ri}\tan\alpha_i$$

用变化率表示即为

$$\frac{\mathrm{d}S}{\mathrm{d}x} = \sum F_{Ri}\tan\alpha_i$$

显然，使 S 成为极大值的条件是：荷载自该位置向左或向右移动时，量值 S 均应减小，即 $\Delta s < 0$。由于荷载向左移动时 $\Delta x < 0$，而向右移动时 $\Delta x > 0$，故使 S 成为极大值的条件为

荷载向左移，

$$\Delta x < 0 \quad \sum F_{Ri}\tan\alpha_i > 0 \tag{6 – 5a}$$

荷载向右移

$$\Delta x > 0 \quad \sum F_{Ri}\tan\alpha_i < 0 \tag{6 – 5b}$$

可以看出当荷载向左、右移动时，$\sum F_{Ri}\tan\alpha_i$ 必须由正变负，才使 S 成为极大值。同理，当 $\sum F_{Ri}\tan\alpha_i$ 由负变正时，则在该位置处为极小值，因此使 S 成为极小值的条件应为

荷载向左移，

$$\Delta x < 0 \quad \sum F_{Ri}\tan\alpha_i < 0 \tag{6 – 6a}$$

荷载向右移

$$\Delta x > 0 \quad \sum F_{Ri}\tan\alpha_i > 0 \tag{6 – 6b}$$

因此可得如下结论：当荷载组向左、右移动微小距离时，$\sum F_{Ri}\tan\alpha_i$ 必须变号，S 才产生极值。

下面讨论在什么情况下 $\sum F_{Ri}\tan\alpha_i$ 才有可能变号。由于 $\tan\alpha_i$ 是影响线中各段直线的斜率，是常数，并不随荷载位置而改变，因此，当荷载组向左、右移动微小距离时，要使 $\sum F_{Ri}\tan\alpha_i$ 改变符，只有各段内的合力 F_{Ri} 改变数值才有可能。而要使 F_{Ri} 改变数值，只有当某一个集中荷载正好作用在影响线的某一顶点(转折点)处时,才有可能。这是当荷载组向左、右移动微小距离时,使 $\sum F_{Ri}\tan\alpha_i$ 变号的必要条件,但不是充分条件。

因此并不是每个集中荷载位于影响线顶点时都能使 $\sum F_{Ri}\tan\alpha_i$ 变号。我们把能使 $\sum F_{Ri}\tan\alpha_i$ 变号的荷载,亦即使 S 产生极值的荷载叫临界荷载。此时相应的荷载位置称为临界位置。这样,式(6−5)及式(6−6)称为临界位置的判别式。

一般情况下,临界位置可能不止一个,这时需要将各个临界位置相应的 S 极值分别求出,再从中找出最大(或最小)的 S 值。

至于哪一个荷载是临界荷载,则需要试算,将某一集中荷载 F_i 置于影响线和 $i+1$ 段的顶点处,当荷载组向左移动时,该集中荷载 F_i 应计入左边第 i 段的合力 F_{Ri} 中,当荷载组向右移动时,该集中荷载 F_i 应计入右边第 $i+1$ 段的合力 F_{Ri} 中,计算 $\sum F_{Ri}\tan\alpha_i$ 是否能满足判别式。为了减少试算次数,可从以下两点估计最不利荷载位置:

(1)将行列荷载中数值较大,且较密集的部分置于影响线的最大纵距附近;

(2)位于同符号影响线范围内的荷载应尽可能得多。

总结一下,确定最不利荷载位置的步骤如下:

(1)从荷载中选定一个集中力 F_i,使它位于影响线的一个顶点上。

(2)在荷载组分别向左、右移动时,分别求 $\sum F_{Ri}\tan\alpha_i$ 的数值,看其是否变号(或由零变为非零),若变号,则此荷载位置为临界位置。

(3)对每一个临界位置求出相应的 S 极值,再从各种极值中找出最大值即为 S_{max},找出最小值即为 S_{min}。产生该最大值及最小值所对应的荷载位置,即为最不利荷载位置。

当影响线为三角形时,临界位置的判别式可以简化。如图6−19所示,设 S 影响线为一三角形,设 F_{cr} 为临界荷载正好作用于影响线顶点处,F_R^L、F^R 分别表示左方、右方的荷载的合力,根据判别条件,可得出

$$(F_R^L + F_{cr})\tan\alpha - F^R\tan\beta > 0$$
$$F_R^L\tan\alpha - (F_R^R + F_{cr})\tan\beta < 0$$

由图6−19可知,$\tan\alpha = h/a$,$\tan\beta = h/b$,代入上式,得

$$\frac{F_R^L + F_{cr}}{a} > \frac{F^R}{b}$$
$$\frac{F_R^L}{a} < \frac{F^R + F_{cr}}{b}$$

$$(6-7)$$

这是三角形影响线临界位置的判别公式。上式表明,临界位置的特点是把临界荷载 F_{cr} 算入哪一边,则哪一边的荷载平均集度就大。

当一段长度固定的移动均布荷载跨过三角形影响线时,如图6−20所示,根据极值条件 $\dfrac{dS}{dx} = 0$ 即 $\sum F_{Ri}\tan\alpha_i = 0$ 可得

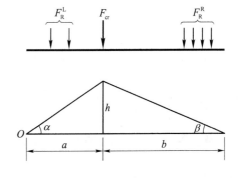

图 6 − 19　临界荷载位于影响线顶点

$$\sum F_{Ri}\tan\alpha_i = F_R^L\frac{h}{a} - F^R\frac{h}{b} = 0$$

$$\frac{F_R^L}{a} = \frac{F_R^R}{b}$$

也就是说,当左、右两边的平均荷载相等时,为临界位置。

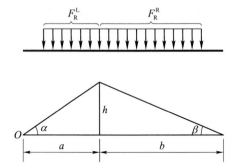

图 6 - 20   长度固定的移动均布荷载跨过三角形影响线

当影响线中有直角三角形时(竖标有突变的影响线),判别式不适用。此时的最不利荷载位置,当荷载较简单时,一般可由直观判定;当荷载较复杂时,可按前述估计最不利荷载位置的原则,布置几种荷载位置,直接算出相应的 S 值,而选取其中最大者,最大 S 值对应的荷载位置就是使量值 S 为最大值的最不利荷载位置。

例 6 - 1   试求图 6 - 21(a) 所示简支梁在一列火车开行时,活载作用下截面 C 的最大弯矩。

解: 作出 M_C 的影响线,如图 6 - 21(b) 所示,各段直线的斜率分别为

$$\tan\alpha_1 = \frac{5}{8},\quad \tan\alpha_2 = \frac{1}{8},\quad \tan\alpha_3 = -\frac{3}{8}$$

(1) 当列车由右或向左开行时,将 F_4 置于 E 点,如图 6 - 21(c) 所示。按照公式计算,有

右移: $\sum F_{Ri}\tan\alpha_i = 220\times\frac{5}{8} + (220\times2)\times\frac{1}{8} - (220\times2 + 92\times5)\times\frac{3}{8} < 0$

左移: $\sum F_{Ri}\tan\alpha_i = 220\times\frac{5}{8} + (220\times3)\times\frac{1}{8} - (220 + 92\times5)\times\frac{3}{8} < 0$

$\sum F_{Ri}\tan\alpha_i$ 未变号,说明此时不是临界位置。同时,左移 $\Delta x < 0$,$\Delta S > 0$,因此

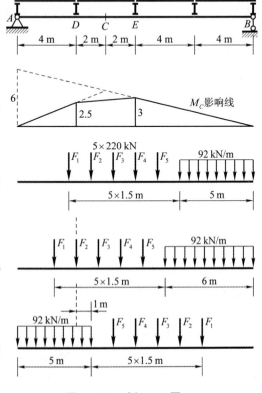

图 6 - 21   例 6 - 1 图

量值 M_C 增大, 需将荷载继续左移。

将 F_2 置于 D 点, 如图 6-21(d) 所示, 有

右移: $\sum F_{\mathrm{R}i}\tan\alpha_i = 220 \times \dfrac{5}{8} + (220 \times 3) \times \dfrac{1}{8} - (220 + 92 \times 6) \times \dfrac{3}{8} < 0$

左移: $\sum F_{\mathrm{R}i}\tan\alpha_i = 220 \times 2 \times \dfrac{5}{8} + (220 \times 3) \times \dfrac{1}{8} - (220 + 92 \times 6) \times \dfrac{3}{8} > 0$

$\sum F_{\mathrm{R}i}\tan\alpha_i$ 变号, F_2 置于 D 点是临界位置, 计算得到相应的 M_C 值为

$M_C = F_1 \times \dfrac{2.5}{4} \times 2.5 + 3 \times 220 \times \left(2.5 + \dfrac{1.5 + 0.5}{4} \times 3\right) + F_5 \times \dfrac{7.5}{8} \times 3 + 92 \times 6 \times \dfrac{3}{8} \times 3$

$\qquad = 4223.5(\mathrm{kN \cdot m})$

继续试算, 当列车由右或向左开行时只有上述一个临界位置。

(2) 当列车由左或向右开行时, 将 F_4 置于 E 点, 如图 6-21(e) 所示。可得

左移: $\sum F_{\mathrm{R}i}\tan\alpha_i = 92 \times 4 \times \dfrac{5}{8} + (92 \times 1 + 440) \times \dfrac{1}{8} - 660 \times \dfrac{3}{8} > 0$

右移: $\sum F_{\mathrm{R}i}\tan\alpha_i = 92 \times 4 \times \dfrac{5}{8} + (92 \times 1 + 440 + 220) \times \dfrac{1}{8} - 88 \times \dfrac{3}{8} < 0$

$\sum F_{\mathrm{R}i}\tan\alpha_i$ 变号, 这是临界位置, 计算得到相应的 M_C 值为

$M_C = 3 \times 220 \times 1.875 + F_1 \times 3 + F_5 \times 2.8125 + 92 \times \dfrac{4}{2} \times 2.5 + 92 \times 1 \times 2.5625$

$\qquad = 3212 (\mathrm{kN \cdot m})$

继续试算, 当列车由左或向右开行时只有上述一个临界位置。

所以 C 截面的最大弯矩为 4223.5 kN·m。

例 6-2 求图 6-22(a) 所示简支梁 C 截面的最大弯矩。已知行列荷载 $F_1 = 4.5$ kN, $F_2 = 2$ kN, $F_3 = 7$ kN, $F_4 = 3$ kN。

解: 作出 M_C 的影响线, 如图 6-22(b) 所示。直观判断 F_4 不可能是临界荷载:

将 F_1 置于 C 点, 如图 6-22(c) 所示。按照公式计算, 有

$$\frac{F'_{\mathrm{R}} + F_{\mathrm{cr}}}{a} = \frac{2 + 4.5}{6} > \frac{F'_{\mathrm{R}}}{b} = \frac{0}{10}$$

$$\frac{F'_{\mathrm{R}}}{a} = \frac{2}{6} < \frac{F'_{\mathrm{R}} + F_{\mathrm{cr}}}{b} = \frac{4.5}{10}$$

所以 F_1 是临界荷载, 相应的位置为临界位置。

将 F_2 置于 C 点, 如图 6-22(d) 所示。按照公式计算, 有

$$\frac{F'_{\mathrm{R}} + F_{\mathrm{cr}}}{a} = \frac{7 + 2}{6} > \frac{F'_{\mathrm{R}}}{b} = \frac{4.5}{10}$$

$$\frac{F'_{\mathrm{R}}}{a} = \frac{7}{6} > \frac{F'_{\mathrm{R}} + F_{\mathrm{cr}}}{b} = \frac{2 + 4.5}{10}$$

所以 F_2 不是临界荷载。

将 F_3 置于 C 点, 如图 6-22(e) 所示。按照公式计算, 有

$$\frac{F'_{\mathrm{R}} + F_{\mathrm{cr}}}{a} = \frac{3 + 7}{6} > \frac{F'_{\mathrm{R}}}{b} = \frac{2 + 4.5}{10}$$

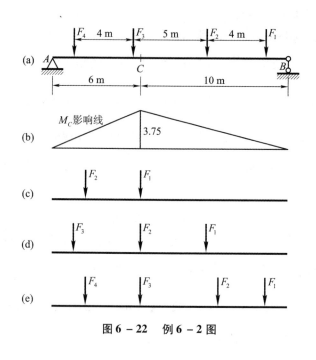

图 6 – 22 例 6 – 2 图

$$\frac{F'_R + F_3}{a} = \frac{3}{6} < \frac{F'_R + F_{cr}}{b} = \frac{7 + 2 + 4.5}{10}$$

所以 F_3 是临界荷载, 相应的位置为临界位置。

图 6 – 22(c) 所示临界位置对应的 M_C 的值为

$$M_C = F_1 \times 3.75 + F_2 \times \frac{2}{6} \times 3.75 = 4.5 \times 3.75 + 2 \times \frac{2}{6} \times 3.75 = 19.375 \ (\text{kN} \cdot \text{m})$$

图 6 – 22(e) 所示临界位置对应的 M_C 的值为

$$M_C = F_3 \times 3.75 + F_2 \times \frac{5}{10} \times 3.75 + F_1 \times \frac{1}{10} \times 3.75 + F_4 \times \frac{2}{6} \times 3.75$$

$$= 7 \times 3.75 + 2 \times \frac{5}{10} \times 3.75 + 4.5 \times \frac{1}{10} \times 3.75 + 3 \times \frac{2}{6} \times 3.75 = 35.44 \ (\text{kN} \cdot \text{m})$$

所以 C 截面的最大弯矩为 35.44 kN · m。

6.7 铁路和公路的标准荷载制及换算荷载

6.7.1 铁路和公路的标准荷载制

铁路上行驶的机车、车辆, 公路上行驶的汽车、拖拉机等, 规格不一, 类型繁多, 载运情况也相当复杂。结构设计时不可能对每一种情况都进行计算, 而是按照一种制定出的统一的标准荷载进行设计。这种荷载是经过统计分析制定出来的, 它既能概括当前各种类型车辆的情况, 又必须考虑将来交通发展的情况。

1. 铁路标准荷载制

列车由机车和车辆组成, 机车和车辆类型很多, 轴重、轴距各异。为规范设计, 我国根据机车车辆轴重、轴距对桥梁不同影响及考虑车辆的发展趋势制定了中华人民共和国铁路标准活载图式，简称为"中 – 活载"。它包括普通活载和特种活载两种，其形式如图 6 – 23 所示。

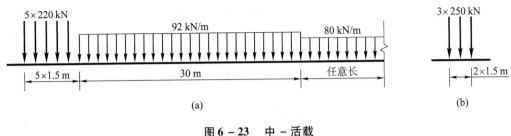

图 6 – 23　中 – 活载

(a) 普通活载；(b) 特种活载

普通活载代表一列火车的重量，前面五个集中荷载代表一台机车的五个轴重，中部一段 30 m 长的均布荷载代表煤水车和与其相连挂的另一台机车与煤水车的平均重量。后面任意长的均布荷载代表车辆的平均重量。特种活载代表重型机车、车辆的轴重。

使用中 – 活载时，可由图式中任意截取一段，但不得变更轴间距。列车可由左端或右端进入桥涵，以确定其最不利位置。图 6 – 23 所示为单线上的荷载，若桥梁是单线，由两片主梁组成，则单线上每片主梁承受图示荷载的一半。

设计时，普通活载和特种活载中哪种活载产生的内力大就应取用哪一种作为设计标准。特种活载虽轴重较大，但轴数较少，适合对小跨度桥梁(7m 以下)控制设计。在一般计算中常用普通活载进行设计。

高速铁路列车设计活载应采用 ZK 活载，ZK 活载为列车竖向静活载，包括标准活载和特种活载两种，如图 6 – 24 所示。

2. 公路标准荷载制

我国公路桥涵设计所使用的汽车荷载分公路 – Ⅰ 级和公路 – Ⅱ 级两个等级。汽车荷载由车道荷载和车辆荷载组成，车道荷载由均布荷载和集中荷载组成。桥梁结构的整体计算采用车道荷载，桥梁结构的局部加载以及涵洞、桥台和挡土墙土压力等的计算采用车辆荷载。车道荷载和车辆荷载作用不得叠加。

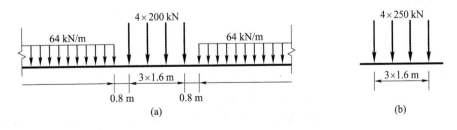

图 6 – 24　ZK 活载

(a)ZK 标准活载图式；(b)ZK 特种活载图式

车道荷载的计算图式如图 6 – 25(a) 所示。

公路 – Ⅰ 级车道荷载的均布荷载标准值为 $q_K = 10.5$ kN/m；集中荷载标准值 F_K 按以下

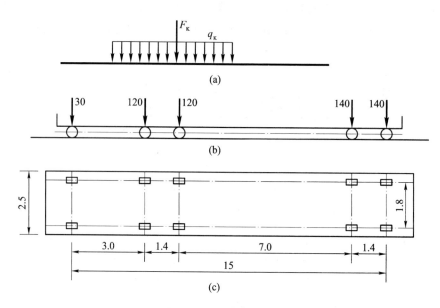

图 6 – 25　车辆荷载

规定选取：桥涵计算跨径小于或等于 5 m 时，$F_K = 180$ kN；桥涵计算跨径大于或等于 50 m 时，$F_K = 360$ kN；桥涵计算跨径在 5 ~ 50 m 之间时，F_K 值采用直线内插求得。当计算剪力效应时，上述集中荷载标准值应乘以 1.2 的系数。

公路 – Ⅱ 级车道荷载的均布荷载标准值 q_K 和集中荷载标准值 F_K，按公路 – Ⅰ 级车道荷载的 0.75 倍采用。

车道荷载的标准值应满布于使结构产生最不利效应的同号影响线上；集中荷载标准值只作用于相应影响线中一个最大影响线峰值处。

车辆荷载的立面、平面尺寸如图 6 – 25(b)、图 6 – 25(c) 所示。公路 – Ⅰ 级和公路 – Ⅱ 级汽车荷载采用相同的车辆荷载标准值。

其余内容可见相应规范和规程。

6.7.2　换算荷载

1. 换算荷载

由前面分析可知，在移动荷载作用下，要求结构上某一量值的最大（最小）值，需经过试算才能确定相应的最不利荷载位置。计算工作量很大，比较麻烦。为了便于使用，实际工作中常利用预先编好的换算荷载表来求某一量值的最大值。

换算均布荷载的定义：当假想的均布荷载 K 所产生的某一量值，与指定的移动荷载产生的该量值的最大值 S_{max} 相等时，则该均布荷载 K 称为换算荷载。由定义可得

$$S_{max} = KA_{\omega}$$

式中：A_{ω} 是量值 S 影响线的面积。

由上式可求出该移动荷载的换算荷载 $K = \dfrac{S_{max}}{A_{\omega}}$。

换算荷载的数值与移动荷载及影响线的形状有关。移动荷载数值及影响线的形状不同,换算荷载 K 值亦不同。但对竖标成固定比例的各影响线,其换算荷载相等。对于长度相同,顶点位置相同,最大纵距不同的三角形影响线,对应竖标成固定比例,换算荷载相等。证明如下:

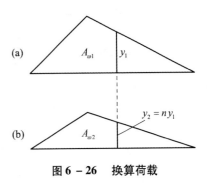

图 6 - 26　换算荷载

如图 6 - 26(a)、图 6 - 26(b)所示两影响线的纵距 $y_2 = ny_1$,按同一比例变化,故有 $A_{\omega 2} = nA_{\omega 1}$,于是有

$$K_2 = \frac{\sum Fy_2}{A_{\omega 2}} = \frac{n\sum Fy_1}{nA_{\omega 1}} = \frac{\sum Fy_1}{A_{\omega 1}} = K_1$$

2. 换算荷载表

为便于使用,表 6 - 1 列出了我国现行铁路标准荷载的换算荷载,供使用时查阅。它是根据三角形影响线制成的,使用时应注意以下几点。

表 6 - 1　中 - 活载的换算荷载(每线)/(kN·m^{-1})

跨径或荷载长度/m	影响线最大纵坐标位置				
	端部	1/8 处	1/4 处	3/8 处	跨中
	K_0	$K_{0.125}$	$K_{0.25}$	$K_{0.375}$	$K_{0.5}$
1	500.0	500.0	500.0	500.0	500.0
2	312.5	285.7	250.0	250.0	250.0
3	250.0	238.1	222.2	200.0	187.5
4	234.4	214.3	187.5	175.0	187.5
5	210.0	197.5	180.0	172.0	180.0
6	187.5	178.6	166.7	161.1	166.7
7	179.6	161.8	153.1	150.9	153.1
8	172.2	157.1	151.3	148.5	151.3
9	165.5	151.5	147.5	144.5	146.7
10	159.8	146.2	143.6	140.0	141.3
12	150.4	137.5	136.0	133.9	131.2
14	143.3	130.8	129.4	127.6	125.0
16	137.7	125.5	123.8	121.9	119.4
18	133.2	122.8	120.3	117.5	114.2
20	129.4	120.3	117.4	114.2	110.2
24	123.7	115.7	112.2	108.3	104.0

续表 6 – 1

跨径或荷载长度/m	影响线最大纵坐标位置				
	端部	1/8 处	1/4 处	3/8 处	跨中
	K_0	$K_{0.125}$	$K_{0.25}$	$K_{0.375}$	$K_{0.5}$
25	122.5	114.7	110.0	111.0	102.5
30	117.8	110.3	106.8	102.4	99.2
32	116.2	108.9	105.3	100.8	98.4
35	114.3	106.9	103.3	99.1	97.3
40	111.6	104.8	100.8	97.4	96.1
45	109.2	102.9	98.8	96.2	95.1
48	107.9	101.8	97.6	95.5	94.5
50	107.1	101.1	96.8	95.0	94.1
60	103.6	97.8	94.2	92.8	91.9
64	102.4	96.8	93.4	92.0	91.1
70	100.8	95.4	92.2	90.9	89.9
80	98.6	93.3	90.6	89.3	88.2
90	96.9	91.6	89.2	88.0	86.8
100	95.4	90.2	88.1	86.9	85.5
110	94.1	89.0	87.2	85.9	84.6
120	93.1	88.1	86.4	85.1	83.8
140	91.4	86.7	85.1	83.8	82.8
160	90.0	85.7	84.2	82.9	82.2
180	89.0	84.9	83.4	82.3	81.7
200	88.1	84.2	82.8	81.8	81.4

（1）表格仅适用于三角形影响线的情况，如图 6 – 27 所示。

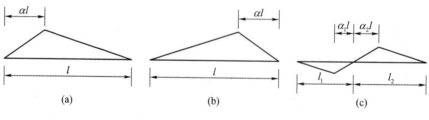

图 6 – 27　三角形影响线

（2）加载长度（或跨度、荷载长度）l 指的是同符号影响线长度。

（3）αl 是顶点至较近零点的水平距离，故 α 的值为 0 ~ 0.5。

（4）当 α 及 l 值在表列数值之间时，K 值按直线内插求得。

例 6 - 3　试利用换算荷载表计算中 - 活载作用下如图 6 - 28（a）所示简支梁截面 C 的最大（小）剪力和弯矩。

解： 先作出 F_{SC} 及 M_C 的影响线，如图 6 - 28（b）、图 6 - 28（c）所示。

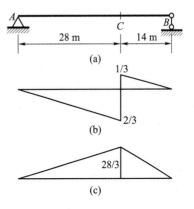

（1）计算 F_{SCmin}。此时，$l = 28$ m，$\alpha = 0$。查表 6 - 1 知表中无此 l 值，由直线内插可得当 $\alpha = 0$，$l = 25$ m 时，$K = 122.5$ kN/m；当 $\alpha = 0$，$l = 30$ m 时，$K = 117.8$ kN/m。

按直线内插法，当 $\alpha = 0$，$l = 25$ m 时，可得

$$K = 117.8 + \frac{30 - 28}{30 - 25} \times (122.5 - 117.8)$$

$$= 119.7 \ (\text{kN/m})$$

图 6 - 28　例题 6 - 3 图

则有

$$F_{SCmin} = K\omega = 119.7 \times \left(-\frac{1}{2} \times 28 \times \frac{2}{3}\right) = -1117 \ (\text{kN})$$

（2）计算 F_{SCmax}。此时，$l = 14$ m，$\alpha = 0$，查表 6 - 1 得 $K = 143.3$ kN/m，故

$$F_{SCmax} = K\omega = 143.3 \times \left(\frac{1}{2} \times 14 \times \frac{1}{3}\right) = 334.4 \ (\text{kN})$$

（3）计算 M_{Cmax}。此时，$l = 42$ m，$\alpha = \frac{14}{42} = \frac{1}{3} = 0.333$，都是表中未列数，可用多次内插求出 K 值，计算如下：

根据 $l = 40$ m，$K_{0.25} = 100.8$ kN/m；$l = 45$ m，$K_{0.25} = 98.8$ kN/m，利用内插得到当 $l = 42$ m，$\alpha = 0.25$ 时

$$K = 100.8 - \frac{42 - 40}{45 - 40} \times (100.8 - 98.8) = 100.0 \ (\text{kN/m})$$

同理，可求出当 $l = 42$ m，$\alpha = 0.375$ 时

$$K = 97.4 - \frac{42 - 40}{45 - 40} \times (97.4 - 96.2) = 96.9 \ (\text{kN/m})$$

根据以上内插法结果，再利用内插法，求得当 $l = 42$ m，$\alpha = 0.333$ 时

$$K = 100.0 - \frac{0.333 - 0.25}{0.375 - 0.25} \times (100.0 - 96.6) = 97.7 \ (\text{kN/m})$$

从而可求得

$$M_{Cmax} = KA_\omega = 97.7 \times \left(\frac{1}{2} \times 42 \times \frac{28}{3}\right) = 1.91 \times 10^4 (\text{kN} \cdot \text{m})$$

6.8 简支梁的内力包络图和绝对最大弯矩

6.8.1 简支梁的包络图

1. 包络图的概念

在结构设计中,必须求出各种活载作用下整个结构上每一截面内力的最大值(最大正值和最大负值)。连接各截面内力最大值的曲线称为内力包络图。简支梁的内力包络图包括弯矩包络图及剪力包络图。包络图表示各截面内力变化的极限值,是结构设计的重要依据,在吊车梁和桥梁设计中应用较多。

在承受动力荷载的结构设计中,还必须考虑动力影响。通常是将荷载所产生的内力乘以动力系数来考虑。动力系数的确定可查有关规范。

设梁所承受的恒载为均布荷载 q,某一内力 S 的影响线正、负面积及总面积分别用 $A_{\omega+}$、$A_{\omega-}$ 及 $\sum A_\omega$ 表示,活载的换算均布荷载为 K,则在恒载及活载共同作用下该内力 S 的最大值及最小值的算式可写为

$$S_{max} = q \cdot \sum A_\omega + (1+\mu)KA_{\omega+}$$
$$S_{min} = q \cdot \sum A_\omega + (1+\mu)KA_{\omega-}$$

$$(6-8)$$

2. 内力包络图的作法

现以承受单个集中荷载的简支梁为例,说明包络图的作法。如图 6-29(a) 所示简支梁,集中荷载 F 沿梁移动。首先作出任一截面 C 的弯矩和剪力影响线,如图 6-29(b)、图 6-29(c) 所示。

分析:由前面的结论可以确定,当荷载 F 正好作用于 C 时,M_C 达到最大,$M_{Cmax} = \frac{ab}{l}F$。因此,只要算出每一截面的最大弯矩,便可以得到弯矩包络图。

具体作法:沿梁的跨度将梁分为若干等份(根据精度要求划分)。该例中划分为八等份,如图 6-29(b)、图 6-29(c) 所示,逐个求出相应截面的弯矩最大值。如 $a = 0.125l$、$0.25l$、$\cdots$,$M_C = 0.109Fl$、$0.1875Fl$、$\cdots$ 将各截面的最大弯矩在基线上用竖标标出,然后用曲线相连即得弯矩包络图,如图 6-29(b) 所示。同理可作出剪力包络图,如图 6-29(c) 所示。

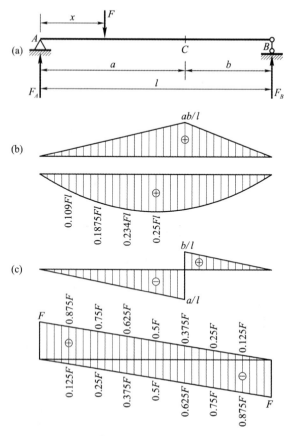

图 6-29 内力包络图

总之，内力包络图的一般作法：将梁沿跨度分成若干等份，求出各等分点的内力(移动活载和恒载产生的内力的叠加值)的最大值和最小值，用光滑曲线将最大值连成曲线，将最小值(负值最大)也连成曲线，由此得到的图形即为内力包络图。

例 6 – 4 跨度 16 m 的单线简支桥梁，有两片梁，承受中 – 活载，试绘制梁的弯矩和剪力包络图(不计恒载作用)。

解：将梁分成八等份。作出各等分点截面的弯矩和剪力影响线。在中 – 活载作用下分别求出各截面的最大弯矩和最大剪力，根据规范，乘以动力系数 1.261。计算过程见表 6 – 2。根据计算结果，用曲线连接各截面的最大弯矩竖标，得到弯矩包络图，如图 6 – 30(b) 所示。

同理，作出剪力包络图，如图 6 – 31(b) 所示。由图看出剪力包络图接近于直线。

表 6 – 2 例题 6 – 4 计算过程

	截面	1	2	3	4
影响线	α	0.125	0.25	0.375	0.5
	l/m	16	16	16	16
	A_ω 影响线面积 /m²	14	24	30	32
换算荷载 K/(kN·m⁻¹)		125.5	123.8	121.9	119.4
动力系数		1.261	1.261	1.261	1.261
活载弯矩最大值 $(1+\mu)\dfrac{K}{2}A_\omega$/(kN·m)		1108	1873	2306	2409

	截面	0	1		2		3		4	
影响线	α	0	0	0	0	0	0	0	0	0
	l/m	10	16	14	2	12	4	10	6	8
	A_ω/m²	8	6.125	-0.125	4.5	-0.5	3.125	-1.125	2	-2
	$\sum A_\omega$/m²	8	6		4		1		0	
换算荷载 K/(kN·m⁻¹)		137.7	143.3	312.5	150.4	234.4	159.8	187.5	172.2	172.2
动力系数		1.261	1.261	1.261	1.261	1.261				
活载剪力	$(1+\mu)\dfrac{K}{2}A_\omega$/kN	6950	553	-25	427	-74	315	-133	217	-217

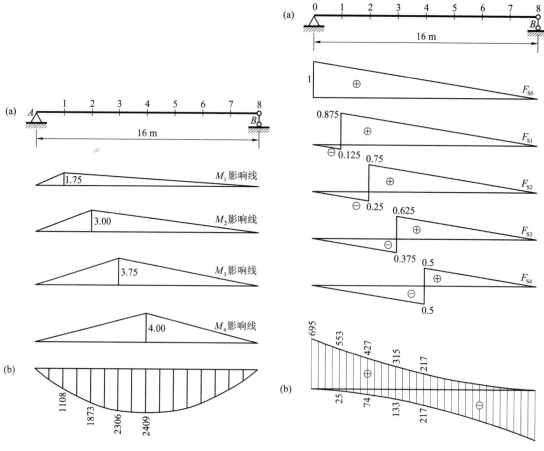

图 6 – 30 例题 6 – 4 弯矩包络图(单位: kN · m)   图 6 – 31 例题 6 – 4 剪力包络图(单位: kN)

6.8.2 简支梁的绝对最大弯矩

弯矩包络图中最大的竖标称为绝对最大弯矩,也就是移动荷载作用下全梁所有截面最大弯矩中的最大值。下面以简支梁承受行列集中荷载时为例,说明求绝对最大弯矩的方法。

要确定简支梁的绝对最大弯矩,应解决下面两个问题:

(1)绝对最大弯矩发生在哪个截面;

(2)此截面产生最大弯矩时的荷载位置。

如图 6 – 32 所示简支梁承受集中荷载组,由前面内容可知,梁的弯矩图的顶点一定在集中荷载作用点处,因此,绝对最大弯矩一定发生在某一个集中荷载的作用点处。关键是确定发生在哪一个荷载作用点处以及该作用点的位置在哪里。

试选一个荷载作为临界荷载 F_{cr},研究其作用点处的弯矩何时达到最大值。然后按同样的方法,分别求出其他荷载作用点处的最大弯矩,再加以比较,即可确定绝对最大弯矩。

以 x 表示移动荷载至支座 A 的距离,以 a 表示梁上荷载的合力 F_R 与 F_{cr} 的作用线之间的距离。由 $\sum M_B = 0$,得

$$F_A = \frac{(l - x - a)F_R}{l}$$

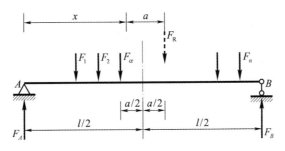

图 6 – 32   简支梁的绝对最大弯矩

取 F_{cr} 作用截面以左为隔离体，求得 F_{cr} 作用点的截面弯矩 M_x 为

$$M_x = F_A x - M_{cr} = \frac{(l - x - a) F_R}{l} x - M_{cr}$$

式中：M_{cr} 表示 F_{cr} 以左的各集中荷载对 F_{cr} 作用点的力矩之和，它是一个与 x 无关的常数。利用极值条件

$$\frac{dM_x}{dx} = 0, \qquad \frac{(l - 2x - a) F_R}{l} = 0$$

从而得到

$$x = \frac{l}{2} - \frac{a}{2}$$

上式说明，当 F_{cr} 作用点的弯矩最大时，F_{cr} 与梁上合力 F_R 位于梁的中点两侧的对称位置。此时最大弯矩为

$$M_{max} = \frac{F_R}{l} \left(\frac{l}{2} - \frac{a}{2} \right)^2 - M_{cr}$$

应用上式时，应注意以下两点：

（1）F_R 是梁上实有荷载的合力。因为安排 F_{cr} 与 F_R 的位置时，有些荷载进入梁跨范围内，或有些荷载离开梁上，应注意查看梁上荷载是否与求合力时相符。若不符，应重新计算合力 F_R 的数值和位置。

（2）当 F_{cr} 位于合力 F_R 的右边时，上式中 a 应取负值。

利用上述结论算出每个荷载作用点处截面最大弯矩，选择其中最大的一个就是绝对最大弯矩。实际计算中，常可以事先估计出发生绝对最大弯矩的临界荷载。由经验可知，使梁中点截面产生最大弯矩的临界荷载通常是发生绝对最大弯矩的临界荷载。因此，计算绝对最大弯矩的步骤如下：

（1）确定使梁中点截面发生最大弯矩的临界荷载；

（2）按照公式计算相应的荷载位置，并计算 F_{cr} 作用点处的弯矩，即为绝对最大弯矩。

例 6 – 5   试求图 6 – 33（a）所示吊车梁的绝对最大弯矩，并与跨中截面 C 的最大弯矩相比较。已知 $F_1 = F_2 = F_3 = F_4 = 82$ kN。

解：（1）首先求出使跨中截面 C 产生最大弯矩的临界荷载。经分析可知，只有 F_2 或 F_3 在 C 点时才能产生截面 C 的最大弯矩。当 F_2 在截面 C 处时，如图 6 – 33（c）所示，根据 M_C 影响线，如图 6 – 33（b）所示，得

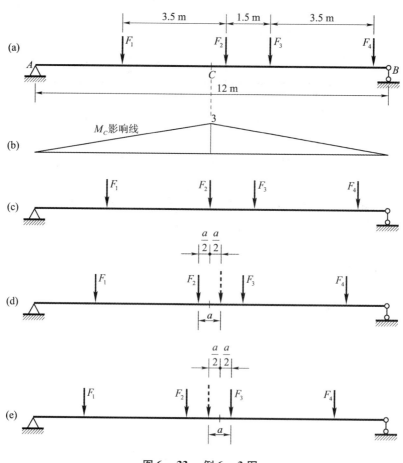

图 6 - 33   例 6 - 3 图

$$M_{max} = 82 \times \left(\frac{2.5}{6} \times 3 + 3 + \frac{4.5}{6} \times 3 + \frac{1}{6} \times 3 \right) = 574 (\text{kN} \cdot \text{m})$$

由对称性可知，F_3 作用在 C 点时产生截面 C 的最大弯矩与上相同。因此，F_2 和 F_3 都是产生绝对最大弯矩的临界荷载。

（2）求绝对最大弯矩。

现以 $F_{cr} = F_2$ 为例求梁的绝对最大弯矩。

合力 $F_R = 82 \text{ kN} \times 4 = 328 \text{ kN}$。由于对称，合力作用点在 F_2 和 F_3 的中点，即 $a = 0.75$ m，F_2 距跨中 C 点为 0.375 m。此时最不利荷载位置如图 6 - 33(d) 所示。

由公式 $M_{max} = \frac{F_R}{l} \left(\frac{l}{2} - \frac{a}{2} \right)^2 - M_{cr}$ 可得 F_2 作用点处截面的弯矩为

$$M_{max} = \frac{328}{12} (6 - 0.375)^2 - 82 \times 3.5 = 578 \ (\text{kN} \cdot \text{m})$$

现令 $F_{cr} = F_3$，求梁的绝对最大弯矩。

此时，由于 $F_{cr} = F_3$ 位于合力 F_R 的右侧，故 $a = -0.75$ m，F_3 距跨中 C 点为 0.375 m。此时最不利荷载位置如图 6 - 33(e) 所示。F_2 作用点处截面的弯矩为

$$M_{max} = \frac{328}{12}(6 + 0.375)^2 - 82 \times 5 + 82 \times 1.5 = 578 \; (kN \cdot m)$$

由于对称，本题在 F_2 和 F_3 下的最大弯矩相等，故最大弯矩为 578 kN·m。与跨中截面 C 最大弯矩相比，绝对最大弯矩仅比跨中最大弯矩相差不超过 1%，在实际工作中，有时也用跨中截面的最大弯矩来近似代替绝对最大弯矩。

本章小结

（1）影响线是研究荷载位置改变时对结构某量值的影响，是研究移动荷载的基本工具。

（2）注意理解影响线的物理意义。

（3）掌握利用静力法和机动法作影响线的方法。

（4）利用某量值的影响线确定荷载最不利位置的原则和方法。注意移动荷载作用和固定荷载作用下问题的对比：计算方法的对比、影响线和内力图的对比。

（5）利用影响线求荷载的最不利位置的方法是以数学中极限位置的判别原则为基础的试算法，首先找到临界位置，再从可能的临界位置中求得最不利位置。

（6）包络图和绝对最大弯矩表明移动荷载对整个结构的影响，在结构设计中非常重要。

思考与练习

6-1 什么是影响线?影响线上任一点的横坐标和纵坐标分别代表什么意义?

6-2 影响线和内力图有哪些异同?

6-3 什么是间接荷载?如何作间接荷载作用下的影响线?

6-4 简述机动法作影响线的原理。

6-5 如何判断临界荷载和临界位置?什么是最不利荷载位置?

6-6 什么是内力包络图?它与内力图、影响线有什么区别?

6-7 什么是简支梁的绝对最大弯矩?它与跨中截面最大弯矩是否相等?

6-8 至 6-12 试作题 6-8 图至 6-12 图所示结构中指定量值的影响线。

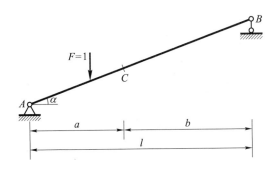

题 6-8 图

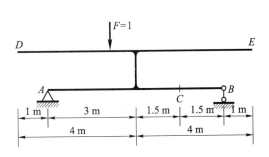

题 6-9 图

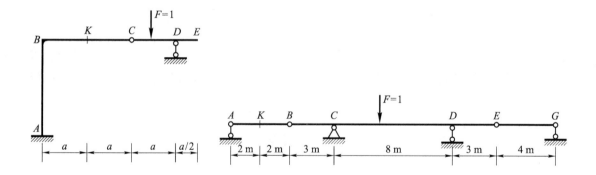

题 6 – 10 图   题 6 – 11 图

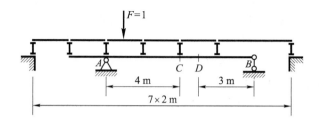

题 6 – 12 图

6 – 13   试作图 6 – 13 所示桁架中指定杆件内力的影响线。

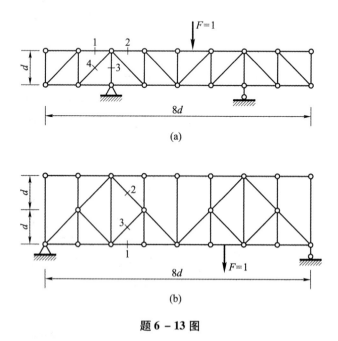

(a)

(b)

题 6 – 13 图

6 – 14   利用影响线计算图 6 – 14 所示梁在固定荷载作用下指定量值的大小。

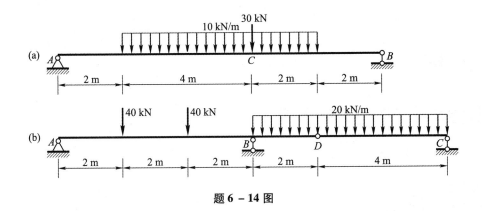

题 6 - 14 图

6 - 15　求出图 6 - 15 所示吊车梁在两台吊车轮压作用下支座 B 的最大反力。

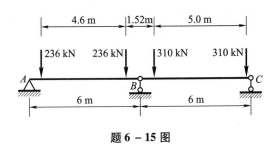

题 6 - 15 图

6 - 16　求出图 6 - 16 所示梁在移动荷载组作用下 K 截面的 $M_{K\max}$、$F_{SK\max}$、$F_{SK\min}$。

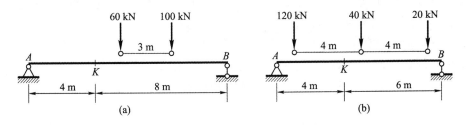

题 6 - 16 图

参考答案(部分习题)

6 - 14　(a) $F_{SC左} = 2$ kN, $F_{SC右} = -28$ kN;

　　　　(b) $M_E = 40$ kN·m, $F_B = 140$ kN, $F_{SB左} = -60$ kN

6 - 15　$F_B = 537.9$ kN

6 - 16　(a) $M_{K\max} = 326.7$ kN·m, $F_{SK\max} = 81.7$ kN, $F_{SK\min} = -38.3$ kN;

　　　　(b) $M_{K\max} = 320$ kN·m, $F_{SK\max} = 80$ kN, $F_{SK\min} = -40$ kN

第 7 章

静定结构的位移计算

本章要点

结构变形和位移的基本概念；

变形体系的虚功原理；

静定结构在荷载作用下的位移计算方法；

单位荷载法、图乘法计算结构的位移；

温度变化或支座移动时静定结构的位移计算；

线弹性结构的互等定理。

7.1 概述

工程中的结构都是由变形材料制成的，在荷载作用下会产生变形和伴随而来的位移，变形是指结构的形状发生改变，位移是指结构某点位置或某截面位置和方位的改变。工程中的结构除强度要求外，往往还有刚度要求，即要求它的变形不能过大，以满足正常使用的要求。例如，建筑中的楼板梁变形过大时，会使下面的抹灰层开裂和剥落；桥梁的变形过大会影响行车安全并引起很大的震动。因此，需要进行结构的位移计算。

如图 7 – 1 所示的刚架，在荷载作用下发生如虚线所示的变形。A 点移动到了 A' 点，线段 AA' 称为 A 点线位移，用 Δ_A 表示，它也可以用水平线位移 Δ_{Ax} 和竖向线位移 Δ_{Ay} 两个分量来表示。同时截面 A 还转过一个角度，称为截面 A 的角位移，用 θ_A 表示。

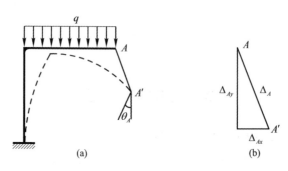

图 7 – 1　刚架的变形曲线

引起结构产生位移的主要因素除了荷载作用以外，还有温度变化、支座移动和制造误差等，也能使结构产生位移。

计算结构位移的目的：

（1）为了校核结构的刚度，校核刚度的目的是保证结构在使用过程中不致发生过大的位移。

（2）为超静定结构的计算打下基础。超静定结构单用静力平衡条件无法求解，可同时考虑变形条件，增加补充方程，这样就需要计算结构的位移。

（3）为了结构制造、施工、架设的需要。常须预先知道结构位移后的位置，因而也需要计算结构的位移。

计算结构位移的方法有多种，在工程力学中曾经讲过用挠曲线近似微分方程积分的方法求梁的位移，计算有时会十分繁琐。在本章中将讲一种对各种杆件结构（梁、刚架、桁架等）由于各种原因（荷载、温度变化、支座移动等）引起的位移都普遍适用的方法，它是一种以虚位原理为基础计算结构位移的方法。

7.2　虚功和虚功原理

7.2.1　实功与虚功

当做功的力 F 与相应位移 Δ 彼此相关，即位移是由做功的力本身所引起时，则力所做的功称为实功。而当做功的力与相应位移彼此独立无关时，则力所做的功称为虚功，如图 7 - 2 所示，简支梁在 C 点受力 F 作用而达到实曲线平衡位置后，如果由于某种原因（如其他荷载或温度变化等）使梁继续发生微小变形到虚线位置，力对相应位移所做的功就是虚功，即

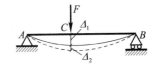

图 7 - 2　虚功的概念

$$W = F\Delta_2 \qquad (7 - 1)$$

式中：C 点的位移 Δ_2 不是由力 F 所引起的。

7.2.2　广义力与广义位移

如果 F 是一个集中力，相应的 Δ 为沿这个力作用线方向的线位移，如图 7 - 3（a）所示简支梁在 C 点作用一个竖向力 F，让它经历如图 7 - 3(c) 所示的位移做功，相应的位移 Δ 则是在 C 点沿 F 力作用方向的线位移。

如果 F 是一个力偶，相应的 Δ 为沿力偶作用方向的角位移，如图 7 - 3(b) 简支梁在 B 端作用一个力偶 M_e，让它在图 7 - 3(c) 所示的位移上做功，相应的位移 Δ 则是沿 M_e 作用方向的 B 端截面的角位移 θ。

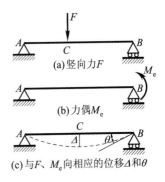

图 7 - 3　力和相应的位移

如果一组力在相应的位移上做功，即一组力可以用一个符号 F 表示，则相应的位移也可用一个符号 Δ 表示。

式(7 - 1) 中的力 F 和位移 Δ 分别称为广义力和广义位移。

7.2.3 变形体的虚功原理

体系在变形过程中,不但各杆发生刚体运动,其内部材料同时也产生应变,体系属于变形体体系。对于变形体体系,虚功原理可表述如下:体系在任意平衡力系作用下,给体系以几何可能的位移和变形,体系上所有外力所做的虚功总和恒等于体系各截面所有内力在微段变形上所作的虚功总和,即

$$W_e = W_i \qquad\qquad (7-2)$$

式中,W_e 为体系的外力虚功;W_i 为体系的内力虚功。

这里,几何可能的位移和变形的含义为:位移和变形是微小量,位移与约束条件相符合,变形是协调的(即体系变形后仍是一个连续体)。

7.3 位移计算的一般公式和单位荷载法

7.3.1 位移计算的一般公式

图 7-4(a)表示一平面杆系结构在一组力系作用下处于平衡状态。现在求结构上任一截面 K 沿任一指定方向(如竖直方向)上的广义位移 Δ_K。

利用虚功原理求解这个问题,首先要确定做功的力系和引起变形的力系。其中做功的力系称为力状态,如图 7-4(a)所示。引起变形的力系称为位移状态如图 7-4(b)所示,位移状态是与力状态完全无关的其他任何原因(如另一组力系、温度变化、支座移动等)引起的,甚至是假想的,但位移状态中的位移必须是微小的,并为支座支承约束条件和变形连续条件所允许。为了简化计算,可以在 K 点所求位移方向上加一个单位集中力 $F = 1$,如图 7-4(b)所示。

下面我们来计算虚拟状态的外力和内力在实际状态相应的位移和变形上所做的虚功。

注意到实际状态的支座无位移,因而外力虚功为

$$W_e = F_K \cdot \Delta_{KF} = 1 \cdot \Delta_{KF} \qquad\qquad (a)$$

接着讨论在杆系体系中内力虚功 W_i 的表达式。

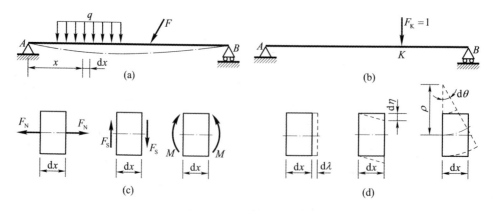

图 7-4 梁的力状态和位移状态

从梁中取出微段 dx 进行讨论。图 7 - 4(a) 中微段 dx 的内力如图 7 - 4 (c) 所示。相应微段 dx 的变形如图 7 - 4(d) 所示。设实际状态下横截面的内力弯矩、剪力、轴力分别用 M、F_S、F_N 来表示，而虚设状态下横截面的内力弯矩、剪力、轴力分别用 $\bar{M}$、$\bar{F}_S$、$\bar{F}_N$ 来表示。

虚设状态下横截面的内力弯矩、剪力、轴力 $\bar{M}$、$\bar{F}_S$、$\bar{F}_N$ 在图 7 - 4(d) 微段变形上所作的内力虚功定义为

$$dW_i = \bar{F}_N d\lambda + \bar{F}_S d\eta + \bar{M} d\theta$$

式中：$d\lambda$、$d\eta$、$d\theta$ 为 dx 微段截面相应的相对变形。由材料力学可知：

$$d\theta = \frac{M dx}{EI}, \quad d\eta = k\frac{F_S dx}{GA}, \quad d\lambda = \frac{F_N dx}{EA}$$

因此，梁 AB 的内力虚功表达式为

$$W_i = \int_A^B (\bar{F}_N d\lambda + \bar{F}_S d\eta + \bar{M} d\theta) = \int_A^B \left(\frac{\bar{F}_N F_N}{EA} + k\frac{\bar{F}_S F_S}{GA} + \frac{\bar{M} M_F}{EI}\right) dx \qquad (b)$$

根据虚功原理，将式(a)、(b) 代入式(7 - 2)，便得到弹性结构在荷载作用下的位移计算公式

$$\Delta_{KF} = \sum \int \bar{F}_N d\lambda + \sum \int \bar{F}_S d\eta + \sum \int \bar{M} d\theta \qquad (c)$$

则

$$\Delta_{KF} = \sum \int \frac{\bar{F}_N F_N}{EA} dx + \sum \int k\frac{\bar{F}_S F_S}{GA} dx + \sum \int \frac{\bar{M} M_F}{EI} dx \qquad (7 - 3)$$

其中 k 是因切应力在截面上分布不均匀而加的修正系数，与截面形状有关。矩形截面 $k = 1.2$，圆形截面 $k = \frac{10}{9}$，工字形或箱形截面 $k = \frac{A}{A_1}$（A_1 为腹板截面面积）。

当计算结果为正时，说明所求位移 Δ_{KF} 的实际方向与假定的单位荷载（$F = 1$）的指向相同；为负时，则表示 Δ_{KF} 的实际方向与 $F = 1$ 的指向相反。

7.3.2　单位荷载法

这种采用虚拟单位荷载来计算结构位移的方法称为单位荷载法。值得指出：虚拟状态是根据所求位移而假设的，随着所求位移的不同，虚拟状态也不相同。例如对于图 7 - 5(a) 所示结构，求不同位移的虚拟状态有以下几种情况。

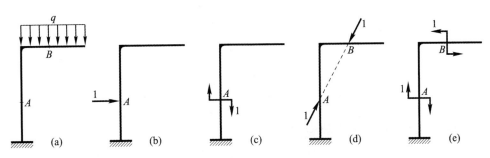

图 7 - 5　虚拟单位荷载

（1）欲求 A 点沿水平方向的线位移，则应在 A 点沿水平方向加一单位集中力，如图 7 – 5（b）所示。

（2）欲求 A 截面的角位移，则应在 A 截面加一单位力偶，如图 7 – 5（c）所示。

（3）欲求 A、B 两点的相对线位移，即 A、B 两点间距离的改变量，则应在 A、B 两点沿 AB 连线方向加一对反向的单位集中力，如图 7 – 5（d）所示。

（4）欲求 A、B 两截面的相对角位移，则应在 A、B 两截面加一对反向的单位力偶，如图 7 – 5（e）所示。

对于桁架，如图 7 – 6 所示，情况也基本相同，只是在求某杆的角位移时，由于杆件只受轴力，故应将单位力偶等效变换为作用在该杆两端结点上的一对反向集中力，其作用线与杆轴垂直，大小等于杆长的倒数 $1/l$。

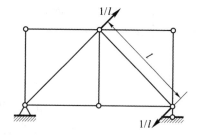

图 7 – 6　虚拟单位荷载

7.3.3　积分法求位移

利用式(7 – 3)计算结构位移的基本步骤如下：

（1）在欲求位移处沿所求位移方向虚设广义单位力，然后分别列各杆段内力方程。

（2）列实际荷载作用下各杆段内力方程。

（3）将各个内力方程分别代入式(7 – 3)，分段积分后求和即可计算出所求位移。

根据上面步骤求结构某截面位移的方法称为积分法。

利用荷载作用下位移计算公式(7 – 3)计算结构位移时，可根据结构的具体情况对公式进行简化。对于梁和刚架，位移主要是由弯矩引起的，轴力和剪力的影响很小，一般忽略不计，因此，位移计算公式(7 – 3)可简化为

$$\Delta = \sum \int \frac{\overline{M} M_{\mathrm{F}} \mathrm{d}x}{EI} \tag{7 – 4}$$

在桁架结构中，因为杆件只有轴力作用，而且同一杆件的轴力 F_{NF}、$\overline{F}_{NF}$ 及 EA 沿杆的长度 l 均为常数，因此，位移计算公式(7 – 3)可简化为

$$\Delta = \sum \int \frac{\overline{F}_{N} F_{N} \mathrm{d}x}{EA} = \sum \frac{\overline{F}_{N} F_{N} l}{EA} \tag{7 – 5}$$

在组合结构中，杆件可分为梁式杆和二力杆两类，梁式杆只考虑弯矩的影响，而二力杆则只考虑轴力的影响，因此，位移计算公式(7 – 3)可简化为

$$\Delta = \sum \int \frac{\overline{M} M_{\mathrm{F}} \mathrm{d}x}{EI} + \sum \frac{\overline{F}_{N} F_{N} l}{EA} \tag{7 – 6}$$

7.3.4　荷载作用下位移计算举例

例 7 – 1　试求图 7 – 7（a）所示梁中点 C 的竖向位移 Δ，已知 EI 为常数。

解：（1）在 C 点加相应于竖向位移的单位力 $F = 1$，如图 7 – 7（b）所示。

（2）由平衡条件求实际荷载作用下的内力，再求虚设单位荷载作用下的内力，取 A 点为

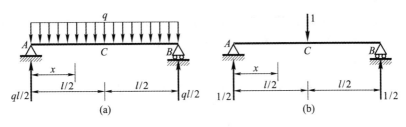

图 7 - 7　例 7 - 1 图

坐标原点，当 $0 \leqslant x \leqslant \dfrac{l}{2}$ 时，任意截面 x 的内力表达式为

$$M_{\mathrm{F}} = \frac{q}{2}(lx - x^2), \quad \bar{M} = \frac{1}{2}x$$

（3）计算 Δ

将内力表达式代入式（7 - 4），因对称关系，积分限取长度的一半，然后再乘以两倍既可。

C 点的竖向位移为

$$\Delta = \sum \int \frac{\bar{M}M_{\mathrm{F}}\mathrm{d}x}{EI} = 2\int_0^{\frac{l}{2}} \frac{\left(\frac{1}{2}x\right)\frac{q}{2}(lx - x^2)}{EI}\mathrm{d}x = \frac{5ql^4}{384EI}$$

Δ 为正值，说明 C 点的竖向位移与虚设方向一致。

例 7 - 2　试求图 7 - 8（a）所示结构 C 端的水平位移 Δ_{Cx} 和角位移 θ_C，已知 EI 为常数。

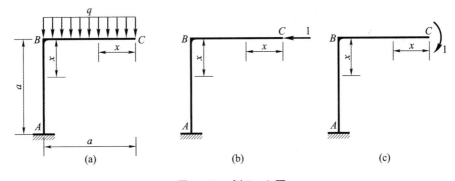

图 7 - 8　例 7 - 2 图

解：（1）求 C 端的水平位移时，在 C 点加一水平单位力作为虚拟状态，如图 7 - 8（b）所示。两种状态的弯矩为：

$$\text{横梁 } BC \text{ 上} \quad \bar{M} = 0, \ M_F = -\frac{1}{2}qx^2$$

$$\text{竖柱 } AB \text{ 上} \quad \bar{M} = x, \ M_F = -\frac{1}{2}qa^2$$

代入公式（7 - 4），得 C 端的水平位移为

$$\Delta_{Cx} = \sum \int \frac{\bar{M}M_{\mathrm{F}}\mathrm{d}x}{EI} = \frac{1}{EI}\int_0^a x \cdot \left(-\frac{1}{2}qa^2\right)\mathrm{d}x = -\frac{qa^4}{4EI}$$

计算结果为负，表示实际位移与所设虚拟力的方向相反。

（2）求 C 端的角位移时，可在 C 点加一单位力偶作为虚拟状态，如图 7 - 8（c）所示。两种状态的弯矩为

$$横梁 BC 上 \quad \bar{M} = -1, \quad M_F = -\frac{1}{2}qx^2$$

$$竖柱 AB 上 \quad \bar{M} = -1, \quad M_F = -\frac{1}{2}qa^2$$

代入公式（7 - 4），得 C 端的角位移为

$$\theta_C = \frac{1}{EI}\int_0^a (-1) \cdot \left(-\frac{1}{2}qx^2\right)\mathrm{d}x + \frac{1}{EI}\int_0^a (-1) \cdot \left(-\frac{1}{2}qa^2\right)\mathrm{d}x = \frac{2qa^3}{3EI}$$

计算结果为正，表示实际位移与所设虚拟力的方向相同。

例 7 - 3 如图 7 - 9（a）所示桁架，计算下弦中点 C 的竖直位移。已知各杆弹性模量 $E = 210\text{GPa}$，截面面积 $A = 12\ \text{cm}^2$，$F = 45\ \text{kN}$。

解：（1）在 C 点加单位力 $F = 1$，如图 7 - 9（b）所示。

（2）计算在荷载作用下各杆的轴力 F_N，见表 7 - 1。

（3）计算在 $F = 1$ 作用下各杆的轴力 $\bar{F}_N$，见表 7 - 1。

（4）求 Δ_C：根据桁架位移公式（7 - 5），即

$$\Delta = \sum \frac{\bar{F}_N F_N l}{EA}$$

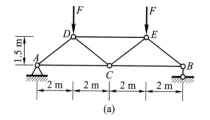 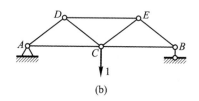

图 7 - 9 例 7 - 3 图

由于桁架及荷载的对称性，计算总和时，在表中只计算了半个桁架，杆 DE 的长度只取一半，最后求位移时乘以 2。

$$\Delta_C = 2 \times 0.188 = 0.376\text{mm}$$

表 7 - 1 点 C 的竖直位移 Δ_C 的计算表

杆 件	$\bar{F}_N$	F_N/kN	l/cm	A/cm^2	$E/(\text{kN}\cdot\text{cm}^{-2})^2$	$\dfrac{\bar{F}_N F_N l}{EA}/\text{cm}$
AC	$2/3$	60	400	12	2.1×10^4	0.063
AD	$-5/6$	-75	250	12	2.1×10^4	0.062
DE	$-4/3$	-60	0.5×400	12	2.1×10^4	0.063
DC	$5/6$	0	250	12	2.1×10^4	0
$\sum$						$\Delta_C = 0.188\ \text{cm}$

7.4　图乘法

7.4.1　图乘法的位移计算公式

求梁和刚架结构的位移时，常遇到如下的积分形式

$$\Delta = \sum \int \frac{\bar{M}M_{\mathrm{F}}\mathrm{d}x}{EI}$$

这个运算过程有时是很麻烦的。但是，如果结构各杆段均满足下述 3 个条件，则这一积分式就可通过 $\bar{M}$ 和 M_{F} 两个弯矩图之间逐段相乘的方法来求解。这 3 个条件如下：

（1）杆段的 EI 为常数。

（2）杆段轴线为直线。

（3）各杆段的 $\bar{M}$ 图和 M_{F} 图中至少有一个为直线图形。

对于等截面直杆，前两个条件恒可满足，至于第三个条件，虽然 M_{F} 图在受到分布荷载作用时将成为曲线形状，但其 $\bar{M}$ 图却总是由直线段所组成的，我们只要分段考虑就可得到。

设某结构上 AB 段为等直杆，EI 为常数，M_{F} 图、$\bar{M}$ 图如图 7 - 10 所示。显然是符合上述条件的。我们以 $\bar{M}$ 图的基线为 x 轴，以 $\bar{M}$ 图的延长线与 x 轴的交点 O 为原点，并设置 y 轴如图 7 - 10 所示。

因 EI 为常数，所以可将 EI 提出积分号外。

又因 $\bar{M}$ 图为一直线，其上任一纵坐标 $\bar{M} = x\tan\alpha$，代入积分式，则有

$$\int_A^B \frac{\bar{M}M_{\mathrm{F}}\mathrm{d}x}{EI} = \frac{1}{EI}\int_A^B x\tan\alpha M_{\mathrm{F}}\mathrm{d}x = \frac{1}{EI}\tan\alpha\int_A^B xM_{\mathrm{F}}\mathrm{d}x = \frac{1}{EI}\tan\alpha\int_A^B x\mathrm{d}\omega \qquad (7-7\mathrm{a})$$

这里的 $\mathrm{d}\omega = M_{\mathrm{F}}\mathrm{d}x$ 表示 M_{F} 图的微面积，$x\mathrm{d}\omega$ 即为该微面积对 y 轴的静矩，因此，积分 $\int_A^B x\mathrm{d}\omega$ 表示 M_{F} 图的面积 ω 对于 y 轴的静矩。这个静矩可以写成

$$\int_A^B x\mathrm{d}\omega = \omega x_C$$

式中：x_C 是 M_{F} 图的形心到 y 轴的距离。于是式（7 - 7a）可化为

$$\int_A^B \frac{\bar{M}M_{\mathrm{F}}\mathrm{d}x}{EI} = \frac{1}{EI}\tan\alpha\int_A^B x\mathrm{d}\omega = \frac{\tan\alpha}{EI}\omega x_C \qquad (7-7\mathrm{b})$$

式中 $x_C\tan\alpha = y_C$ 为 M_{F} 图的形心 C 所对应的 $\bar{M}$ 图的纵坐标，如图 7 - 10 所示，代入式（7 - 7b）后，积分式简化为

$$\int_A^B \frac{\bar{M}M_{\mathrm{F}}\mathrm{d}x}{EI} = \frac{1}{EI}\omega y_C \qquad (7-8)$$

上式表明：当上述3个条件被满足时，积分式 $\int_A^B \dfrac{\bar{M}M_F \mathrm{d}x}{EI}$ 之值就等于 M_F 图的面积 ω 乘其形心下相对应的 $\bar{M}$ 图（直线图形）上的竖标 y_C，再除以 EI。所得结果按 ω 与 y_C 在基线的同一侧时为正，否则为负。这就是图乘法。应该注意：y_C 必须从直线图形上取得。当 $\bar{M}$ 图形是由若干段直线组成时，就应该分段图乘。

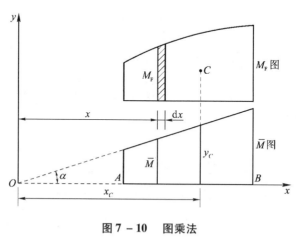

图 7 - 10   图乘法

如果结构上所有杆段均可图乘，则位移计算公式(7 - 4) 可写为：

$$\Delta = \sum \frac{\omega y_C}{EI} \tag{7-9}$$

由以上推导过程可见，应用图乘法求结构位移时，应注意下列几点：

(1) 必须符合前面的 3 个条件。

(2) 纵坐标 y_C 只能由直线弯矩图中取值。如果 $\bar{M}$ 和 M_F 图形都是直线，则可取自任何一个图形。

(3) 若面积 ω 与纵坐标 y_C 在杆件的同一侧，乘积取正值；不在同一侧时，乘积取负值。

图乘时经常用到的几种弯矩图的面积和形心位置如图 7 - 11 所示。应注意在各抛物线图形中，顶点是指切线平行于底边的点。凡顶点在中点或端点的抛物线称为标准抛物线。

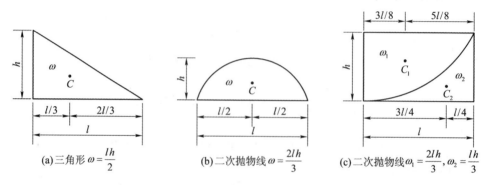

图 7 - 11   常见图形面积与形心位置

应用图乘法时，如遇到弯矩图的形心位置或面积不便于确定的情况，我们可将该图形分解为几个易于确定形心位置或面积的部分，并将这些部分分别与另一图形相乘，然后再将所得结果相加，即得两图相乘之值。常见的有以下几种情况。

（1）图 7 - 12 所示两个梯形图相乘时，梯形的形心位置较难确定，因而把它分解成两个形心位置很容易确定的三角形（也可分为一个矩形和一个三角形），此时图乘结果为

$$\int \frac{\bar{M}M_F dx}{EI} = \frac{1}{EI}(\omega_1 y_1 + \omega_2 y_2)$$

（2）当 M_F 图或 $\bar{M}$ 图的竖坐标 a、b 或 c、d 不在基线的同一侧时，如图 7 - 13 所示。可分解为位于基线两侧的两个三角形，按上述方法分别图乘，然后叠加。式中的 y_1 和 y_2 根据比例计算，图乘时特别要注意正、负号。

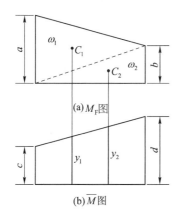

图 7 - 12 　分解图乘

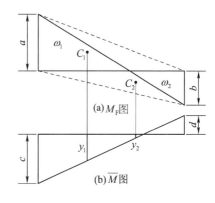

图 7 - 13 　分解图乘

（3）当 y_C 所属图形不是一段直线而是由若干段直线组成时，应分段图乘，再进行叠加。

（4）当 y_C 所属图形各杆段的横截面积不相等时，也应分段图乘，再进行叠加。

（5）对于在均布荷载作用下的任何直杆段，其弯矩图可以看成是一个梯形与一个标准抛物线图形的叠加。

用图乘法求解位移的步骤如下：

（1）作结构在实际荷载作用下的 M_F 图。

（2）在所求位移处沿所求位移方向虚设广义单位力，并作其 $\bar{M}$ 图。

（3）分段计算 M_F 图（或 $\bar{M}$ 图）的面积 ω 及其形心所对应的 $\bar{M}$ 图（或 M_F 图）的纵坐标 y_C。

（4）将 ω、y_C 代入图乘法公式（7 - 9）计算位移。

7.4.2 　用图乘法计算静定梁和静定刚架的位移

例 7 - 4 　计算图 7 - 14（a）所示梁在荷载 q 作用下中点 C 的竖直位移，EI = 常数。

解：（1）在简支梁中点 C 加单位竖向力 $F = 1$，如图 7 - 14（c）所示。

（2）分别作荷载 q 产生的弯矩图 M_F 图，如图 7 - 14（b）所示，和单位力 $F = 1$ 产生的弯矩图 $\bar{M}$ 图，如图 7 - 14（c）所示。

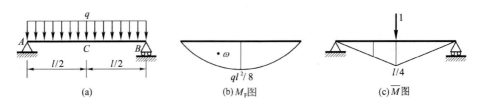

图 7 – 14 例 7 – 4 图

（3）计算 Δ

用图乘公式（7 – 9）。因 M_F 图是曲线，应以 M_F 图来求 ω，而 $\bar{M}$ 图是两直线组成，应分两段进行。但因图形对称，可计算一半再乘以两倍。

$$\omega = \frac{2}{3} \cdot \frac{l}{2} \cdot \frac{ql^2}{8} = \frac{ql^3}{24}$$

$$y_C = \frac{5}{8} \cdot \frac{l}{4} = \frac{5l}{32}$$

所以

$$\Delta = \sum \int \frac{\bar{M} M_F \mathrm{d}x}{EI} = 2 \frac{1}{EI} \omega y_C = 2 \cdot \frac{1}{EI} \cdot \frac{ql^3}{24} \cdot \frac{5l}{32} = \frac{5ql^4}{384EI} (\downarrow)$$

例 7 – 5 计算图 7 – 15（a）所示悬臂梁在 B 点的竖直位移，EI = 常数。

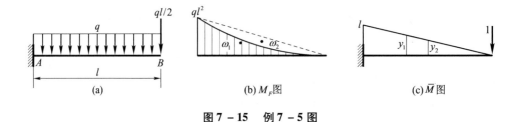

图 7 – 15 例 7 – 5 图

解：（1）在 B 点加单位竖向力，如图 7 – 15（c）所示。

（2）作荷载 q 产生的弯矩图 M_F 图，如图 7 – 15（b）所示，$\bar{M}$ 图，如图 7 – 15（c）所示。

（3）计算 Δ。

图乘时，要注意此 M_F 图的 B 点不是抛物线的顶点，因而面积和形心不能直接用抛物线面积公式。M_F 图可分解为一个在上边受拉的三角形 ω_1 和一个在下边受拉的抛物线 ω_2。图形的面积和纵坐标计算如下：

$$\omega_1 = \frac{1}{2} \cdot l \cdot ql^2 = \frac{1}{2}ql^3 , \quad y_1 = \frac{2}{3}l (y_1 \text{ 与 } \omega_1 \text{ 同侧})$$

$$\omega_2 = \frac{2}{3} \cdot l \cdot \frac{1}{8}ql^2 = \frac{1}{12}ql^3 , \quad y_2 = \frac{1}{2}l (y_2 \text{ 与 } \omega_2 \text{ 不在同一侧})$$

所以

$$\Delta_B = \int \frac{\bar{M}M_F \mathrm{d}x}{EI} = \frac{1}{EI}(\omega_1 y_1 + \omega_2 y_2) = \frac{1}{EI}\left(\frac{1}{2}ql^3 \times \frac{2}{3}l - \frac{1}{12}ql^3 \times \frac{1}{2}l\right) = \frac{7ql^4}{24EI}(\downarrow)$$

例 7 – 6　求图 7 – 16（a）所示刚架铰 C 左右两侧截面的相对角位移 θ_{C-C} 和竖向位移 Δ_{Cy}，EI 为常数。

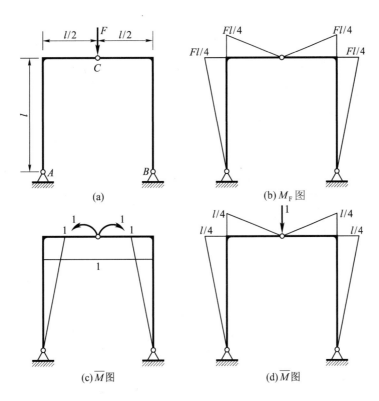

图 7 – 16　例 7 – 6 图

解：（1）作实际荷载作用下的 M_F 图，如图 7 – 16（b）所示。

（2）在铰 C 左右两侧面加一对反向的单位力偶，作 $\bar{M}_1$ 图，如图 7 – 16（c）所示。

（3）用图乘法计算 θ_{C-C}。

$$\theta_{C-C} = \frac{1}{EI} \times \left(-\frac{1}{2} \times \frac{Fl}{4} \times l \times \frac{2}{3} \times 1 - \frac{1}{2} \times \frac{Fl}{4} \times \frac{l}{2} \times 1\right) \times 2 = -\frac{7Fl^2}{24EI}$$

（4）在铰 C 截面加一单位竖向集中力，作 $\bar{M}_2$ 图，如图 7 – 16（d）所示。

（5）用图乘法计算 Δ_{Cy}

$$\Delta_{Cy} = \frac{1}{EI} \times \left(\frac{1}{2} \times \frac{Fl}{4} \times l \times \frac{2}{3} \times \frac{l}{4} + \frac{1}{2} \times \frac{Fl}{4} \times \frac{l}{2} \times \frac{2}{3} \times \frac{l}{4}\right) \times 2 = \frac{Fl^3}{16EI}$$

7.5 温度改变和支座移动时的位移计算

7.5.1 温度改变时的位移计算

静定结构在温度变化作用下各杆能自由变形,所以结构不产生内力。但是会引起位移。

试求如图 7 – 17 (a) 所示结构由于温度变化产生的 K 点的竖向位移 Δ_{Kt}。α 为材料的线膨胀系数。这里仍然采用单位荷载法,如图 7 – 17 (b) 所示,在 K 点施加一个竖向单位荷载,由此得到结构内力 $\overline{F}_N$、$\overline{F}_S$、$\overline{M}$。由式(7 – 3a) 得

$$\Delta_{Kt} = \sum \int \overline{F}_N \mathrm{d}\lambda + \sum \int \overline{F}_S \mathrm{d}\eta + \sum \int \overline{M} \mathrm{d}\theta \qquad (7 - 10)$$

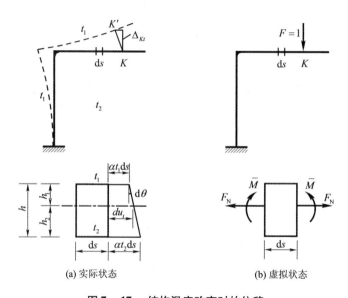

(a) 实际状态   (b) 虚拟状态

图 7 – 17 结构温度改变时的位移

(1)如图 7 – 17 (a) 所示结构。结构内外表面温度发生改变,t_1、t_2 是温度改变值,而非某时刻的温度。

(2)温度沿杆件截面厚度方向成线性变化。

截面上、下边缘温差:$\Delta t = t_2 - t_1$ (令 $t_2 > t_1$)

杆轴线处温度改变值 t_0: $\quad t_0 = \dfrac{h_1 t_2 + h_2 t_1}{h}$

对于矩形截面杆件:$h_1 = h_2 = h/2 \quad t_0 = (t_1 + t_2)/2$

(3)微段轴线 $\mathrm{d}s$ 的线变形为 $\mathrm{d}\lambda = \alpha t_0 \mathrm{d}s$

微段轴线 $\mathrm{d}s$ 两端截面的相对转角为

$$\mathrm{d}\theta = \frac{\alpha t_2 \mathrm{d}s - \alpha t_1 \mathrm{d}s}{h} = \frac{\alpha \Delta t}{h} \mathrm{d}s, \ \Delta t = |t_2 - t_1|$$

对于杆件结构,温度改变并不引起剪切变形,即 $\mathrm{d}\eta = 0$。

（4）位移计算公式：将以上微段轴线 ds 的温度变形代入式（7 − 10），得

$$\Delta_{Kt} = \sum \int \bar{F}_{N} \alpha t_0 \mathrm{d}s + \sum \int \bar{M} \frac{\alpha \Delta t}{h} \mathrm{d}s \tag{7 − 11}$$

若 t、Δt 和 h 沿各个杆件全长为常数，则得

$$\Delta_{Kt} = \sum \alpha t_0 \int \bar{F}_{N} \mathrm{d}s + \sum \frac{\alpha \Delta t}{h} \int \bar{M} \mathrm{d}s \tag{7 − 12}$$

式中：右边两项正负号规定：轴力 $\bar{F}_{N}$ 以拉力为正，压力为负。t_0 以温度升高为正，降低为负，弯矩 $\bar{M}$ 及温度变化使杆件同一侧纤维伸长（弯曲方向相同），则乘积 $\frac{\alpha \Delta t}{h} \int \bar{M} \mathrm{d}s$ 为正，反之为负。

例 7 − 7   求如图 7 − 18（a）所示刚架 C 截面水平位移 Δ_{Cx}。已知杆件线膨胀系数为 α，杆件矩形横截面高为 h。

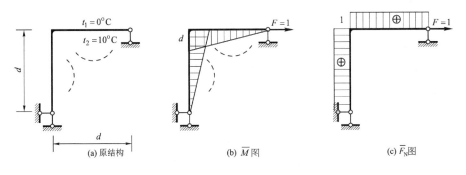

图 7 − 18   例 7 − 7 图

解： $t_0 = \dfrac{t_2 + t_1}{2} = 5℃$ $\Delta t = 10 - 0 = 10℃$

$\sum \int \bar{M} \mathrm{d}s = 2 \times \dfrac{1}{2} d^2 = d^2$， $\sum \int \bar{F}_{N} \mathrm{d}s = 2 \times 1 \times d = 2d$

$\Delta_{Cx} = \sum \alpha t_0 \int \bar{F}_{N} \mathrm{d}s + \sum \dfrac{\alpha \Delta t}{h} \int \bar{M} \mathrm{d}s = \dfrac{10\alpha}{h} d^2 + 5\alpha \times 2d = 10\alpha d \left(1 + \dfrac{d}{h}\right)$

7.5.2   支座移动时的位移计算

静定结构是无多余约束几何不变体系，当只有支座移动而无其他因素作用时，结构的移动不受限制，则结构只产生刚性位移而无变形，故对于杆件的任意微段变形均为零。不会产生内力，刚体的内力虚功之和为零，即 $W_i = 0$。

如图 7 − 19（a）所示刚架，其支座发生了水平位移 c_1、竖向沉陷 c_2 和转角 c_3，现要求由此引起的任一点沿任一方向的位移，如 K 点的竖向位移 Δ_{Ky}。

虚拟单位力状态如图 7 − 19（b）所示。

由虚功原理： $W_e = W_i$

外力虚功 $W_e = 1 \times \Delta_{Kx} + \sum \bar{F}_{Ri} C_i$，所以

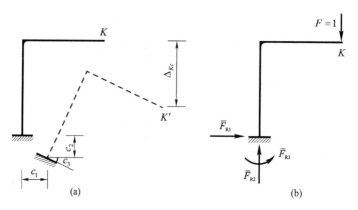

图 7 – 19　结构支座移动时的位移

$$\Delta_{Kx} = -\sum \overline{F}_{\mathrm{R}i} C_i$$

支座移动时的位移计算公式为

$$\Delta = -\sum \overline{F}_{\mathrm{R}i} C_i \qquad\qquad (7-13)$$

式中：c_i 为实际位移状态中的支座位移，$\overline{F}_{\mathrm{R}i}$ 为虚拟单位力状态对应的支座反力。等号右边的负号是公式推导而得出，不能去掉。若 $\overline{F}_{\mathrm{R}i}$ 与 c_i 方向相同，则乘积为正，反之为负。

例 7 – 8　如图 7 – 20（a）所示刚架，已知刚架支座 B 向右移动 a，求 Δ_{Cy}、Δ_{Dx}、θ_C。

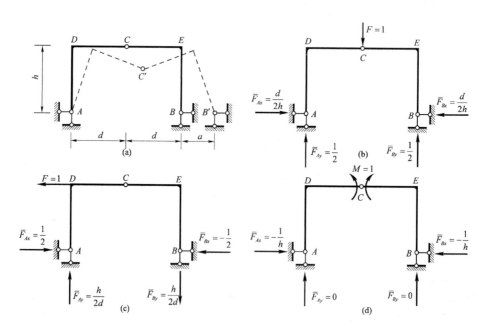

图 7 – 20　例 7 – 8 图

解：（1）Δ_{Cy}　虚拟单位力状态如图 7 – 20（b）所示。
由支座移动时的位移计算公式

$$\Delta_{Cy} = - \sum \overline{F}_{Ri} C_i = - \left(- \frac{d}{2h} \times a \right) = \frac{da}{2h}$$

(2)Δ_{Dx}　　虚拟单位力状态如图 7 – 20 (c) 所示。

由支座移动时的位移计算公式

$$\Delta_{Dx} = - \sum \overline{F}_{Ri} C_i = - \left(- \frac{1}{2} \times a \right) = - \frac{a}{2}$$

(3)θ_C　　虚拟单位力状态如图 7 – 20 (d) 所示。

由支座移动时的位移计算公式

$$\theta_C = - \sum \overline{F}_{Ri} C_i = - \left(\frac{1}{h} \times a \right) = - \frac{a}{h}$$

7.6　线弹性体的互等定理

本节介绍三个普遍定理即线弹性体的互等定理。这些定理在位移计算及超静定结构的计算中是有用的，也是今后学习研究其他有关内容的一个基础。

7.6.1　功的互等定理

如图 7 – 21(a) 和图 7 – 21 (b) 所示为一弹性结构分别承担两组外力 F_1 和 F_2 的两种状态。设以 M_1、F_{S1}、F_{N1} 代表第一组力 F_1 所产生的各项内力，以 M_2、F_{S2}、F_{N2} 代表第二组力 F_2 所产生的各项内力。现在来研究这两组力按不同次序先后作用在结构上时所引起的虚功，并由此推出功的互等定理。

如图 7 – 21 (c) 所示，若先施加力 F_1，等达到弹性平衡后，再施加力 F_2，此时，如以 W_{12} 代表第一组外力由于第二组外力 F_2 的影响所作的虚功，则由虚功原理有：

$$W_{12} = \sum \int M_1 \mathrm{d}\theta_2 + \sum \int F_{N1} \mathrm{d}\lambda_2 + \sum \int F_{S1} \mathrm{d}\eta_2$$

$$= \sum \int M_1 \frac{M_2}{EI} \mathrm{d}x + \sum \int F_{N1} \frac{F_{N2}}{EA} \mathrm{d}x + \sum \int F_{S1} \frac{F_{S2}}{GA} \mathrm{d}x \qquad (a)$$

再看图 7 – 21(d)，若先施加力 F_2，等达到弹性平衡后，再施加力 F_1，此时，如以 W_{21} 代表第二组外力 F_2 由于第一组力 F_1 的影响所做的虚功，则由虚功原理有：

$$W_{21} = \sum \int M_2 \mathrm{d}\theta_1 + \sum \int F_{N2} \mathrm{d}\lambda_1 + \sum \int F_{S2} \mathrm{d}\eta_1$$

$$= \sum \int M_2 \frac{M_1}{EI} \mathrm{d}x + \sum \int F_{N2} \frac{F_{N1}}{EA} \mathrm{d}x + \sum \int F_{S2} \frac{F_{S1}}{GA} \mathrm{d}x \qquad (b)$$

比较式(a) 和(b) 可知

$$W_{12} = W_{21} \qquad (7 - 14)$$

或写为

$$\sum F_1 \cdot \Delta_{12} = \sum F_2 \cdot \Delta_{21} \qquad (7 - 15)$$

其中，Δ_{12} 及 Δ_{21} 分别代表与 F_1 和 F_2 相应的位移。总和号 $\sum$ 表示包括结构上全部的外力所做的虚功。

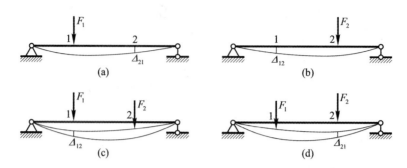

图 7 - 21　功的互等定理

上面所得到的公式就是功的互等定理,可叙述如下:第一状态的外力在第二状态的位移上所做的虚功,等于第二状态的外力在第一状态的位移上所做的虚功。

功的互等定理对于任何弹性结构都是普遍适用的,在两种状态中也可以包括支座移动在内,不过在计算外力的虚功时也必须把反力的虚功包括在内。

7.6.2　位移互等定理

设两个状态中的荷载都只是一个单位集中力,即 $\overline{F}_1 = 1$, $\overline{F}_2 = 1$, 如图 7 - 22(a)、(b)所示,则由功的互等定理可得

$$1 \cdot \Delta_{12} = 1 \cdot \Delta_{21}$$

由于这里的 Δ_{12} 和 Δ_{21} 都是由单位力引起的,为了便于识别,用小写字母 $\delta_{12} = \delta_{21}$ 和 $\delta_{12} = \delta_{21}$ 表示,于是有

$$\delta_{12} = \delta_{21} \tag{7 - 16}$$

这就是位移互等定理。即第一个单位力所引起的第二个单位力作用点沿其方向上的位移,等于第二个单位力所引起的第一个单位力作用点沿其方向上的位移。

在这里,单位力是广义单位力,位移也是广义位移。

如图 7 - 23(a)、图 7 - 23(b)所示简支梁的两个状态中,根据位移互等定理,可知必有

$$\varphi_A = f_C$$

即 C 点的单位垂直力使 A 截面产生角位移,在数值上等于 A 截面的单位力偶使 C 点产生的垂直位移。事实上,由图乘法我们可以容易地算得

$$\varphi_A = \frac{Fl^2}{16EI} = \frac{l^2}{16EI} \, (弧度) \qquad (F = 1)$$

$$f_C = \frac{Ml^2}{16EI} = \frac{l^2}{16EI} \, (长度) \qquad (M = 1)$$

可见 $\varphi_A = f_C$,两者单位虽不同,但数值是相等的。

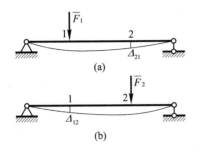

图 7 - 22　位移互等定理

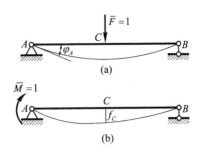

图 7 - 23　位移互等定理

7.6.3　反力互等定理

反力互等定理也是功的互等定理的一种特殊情况。它用来说明超静定结构在两个支座分别产生单位位移时，这两种状态中反力的互等关系。设在图 7 - 24(a) 中，超静定梁的支座 1 发生单位位移 $\Delta_1 = 1$ 时，使支座 2 产生的反力为 r_{21}；又设在图 7 - 24(b) 中，超静定梁的支座 2 发生单位位移 $\Delta_2 = 1$ 时，使支座 1 产生的反力为 r_{12}，则由功的互等定理有

$$r_{21}\Delta_2 = r_{12}\Delta_1$$

由于 $\Delta_1 = \Delta_2 = 1$，所以

$$r_{21} = r_{12} \tag{7 - 17}$$

上式表明：在超静定结构中，支座 1 的单位位移使支座 2 产生的反力 (r_{21})，在数值上等于支座 2 的单位位移使支座 1 产生的反力 (r_{12})。这个关系就叫反力互等定理，它对超静定结构的任何两个支座都是适用的。

在图 7 - 25(a) 和图 7 - 25(b) 中，分别表示单跨超静定梁固定支座与链杆支座发生了单位位移 $\varphi_1 = 1$，$\Delta_2 = 1$，由反力互等定理可知：反力矩 r_{12} 和反力 r_{21}，虽然二者单位不同，但在数值上是相等的，它的本质是功互等。

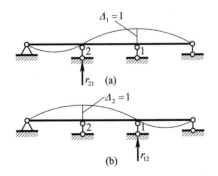

图 7 - 24　反力互等定理

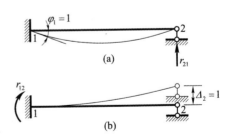

图 7 - 25　反力互等定理

本章小结

（1）结构的位移包含刚体位移和变形体位移，结构上各截面的位移用线位移、角位移两个基本变量来描述。刚体的位移可以用简单的几何关系得到，简单的变形体的位移也可用曲率与位移的关系进行计算，但非常繁琐，因此，常用的方法是基于虚功原理的位移计算方法。

（2）利用结构或构件的虚功原理建立了单位荷载法。利用单位荷载法可以求解各种变形静定结构在荷载作用下的位移计算，温度变化或支座移动时静定结构的位移计算。

（3）在运用单位荷载法给出的公式计算位移时，必须进行积分运算。如果：

$EI =$ 常数；杆件轴线是直线；$M_F(x)$ 图和 $\bar{M}(x)$ 图中至少有一个是直线图形。在以上 3 个条件满足的情况下，可用图乘法计算结构的位移。

（4）用图乘法计算结构在荷载作用下的位移是结构分析与工程计算最常用的手段。要熟练掌握计算方法，

（5）三个互等定理是超静定结构内力分析的理论基础，要了解其内容及其表达式中各符号的含义。

思考与练习

7 – 1　什么是结构的变形? 什么是结构的位移? 它们之间有何关系?

7 – 2　产生位移的因素有哪些?

7 – 3　什么是广义力和广义位移?

7 – 4　没有变形就没有位移，此结论对否?

7 – 5　在虚功原理中对力状态和位移状态有什么要求?

7 – 6　应用虚功原理求位移时，虚设的单位荷载如何施加?

7 – 7　试写出积分法求梁、刚架和桁架的位移架设公式。

7 – 8　图乘法的应用条件及注意要点是什么?

7 – 9　温度变化或支座移动时静定结构的位移如何计算。

7 – 10　互等定理为何只适用于线弹性结构?

7 – 11　试用积分法求题 7 – 11 图所示外伸梁中 A 点的竖直位移和转角。已知 EI 为常数。

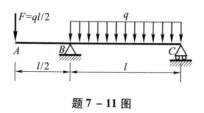

题 7 – 11 图

7 – 12　试用积分法求题 7 – 12 图所示悬臂梁 B 端的竖直位移。已知 EI 为常数。

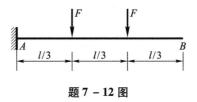

题 7 - 12 图

7 - 13　试用积分法求题 7 - 13 图所示外伸梁的 Δ_{Cy}。已知 EI 为常数。

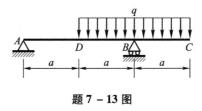

题 7 - 13 图

7 - 14　求题 7 - 14 图所示图(a) 中 B 点的竖直位移，图(b) 中 A 点的竖直位移。已知 EI 为常数。

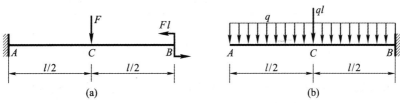

题 7 - 14 图

7 - 15　求题 7 - 15 图所示结构中 D 截面的转角 θ_D，已知 EI 为常数。

7 - 16　试求题 7 - 16 图所示结构铰 C 两侧截面的相对转角 θ_C。

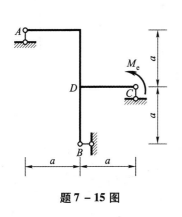

题 7 - 15 图

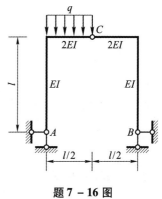

题 7 - 16 图

7 - 17   试求题7 - 17图所示结构B点的水平位移。

7 - 18   计算题7 - 18图所示桁架CD杆的转角,各杆EA相同。

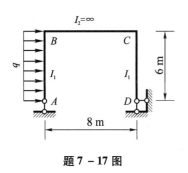

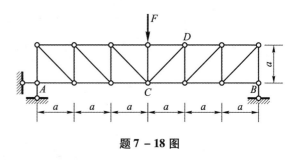

题 7 - 17 图

题 7 - 18 图

7 - 19   试求题7 - 19图示静定梁铰C左、右两侧截面的相对转角φ_C,各杆$EI = $常数。

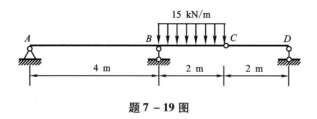

题 7 - 19 图

7 - 20   试求题7 - 20图所示桁架C点的竖向位移,已知:各杆横截面积$A = 2 \times 10^{-3}\ \mathrm{m}^2$,$E = 210\ \mathrm{GP_a}$,$d = 2\ \mathrm{m}$,$F = 40\ \mathrm{kN}$。

7 - 21   如题7 - 21图所示结构,已知支座B发生下沉量为b,试求刚架C点的水平位移。

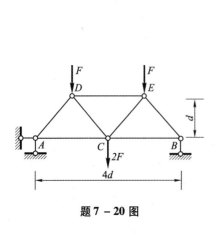

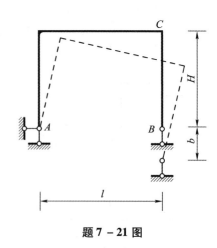

题 7 - 20 图

题 7 - 21 图

7 - 22   如题7 - 22图所示,已知材料的线膨胀系数为α,各杆截面为矩形,截面高度h相同,设刚架内部升温$30^{\circ}\mathrm{C}$。试求刚架C点的竖向位移。

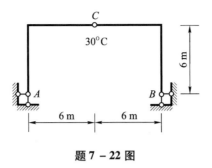

题 7 − 22 图

参考答案(部分习题)

7 − 11 $\Delta_{Ay} = \dfrac{ql^4}{24EI}$, $\theta_A = -\dfrac{5ql^3}{48EI}$

7 − 12 $\Delta_{By} = \dfrac{2Fl^3}{9EI}$

7 − 13 $\Delta_{Cy} = \dfrac{13qa^4}{48EI}$

7 − 14   (a) $\Delta_{By} = -\dfrac{19Fl^3}{48EI}$;   (b) $\Delta_{Ay} = -\dfrac{11ql^4}{48EI}$

7 − 15 $\theta_D = \dfrac{M_e a}{6EI}$

7 − 16 $\theta_C = \dfrac{5ql^3}{96EI}$

7 − 17 $\Delta_{Bx} = \dfrac{432}{EI_1}q$

7 − 18 $\theta_{CD} = \dfrac{(3 + \sqrt{2})}{2EA}F$

7 − 19 $\varphi_c = \dfrac{115}{El}$

7 − 20   3. 52 mm

7 − 21 $\Delta_C = 180\alpha + \dfrac{1080\alpha}{h}$

7 − 22 $\Delta_{Cx} = \dfrac{Hb}{l}$

第 8 章

力　　法

本章要点

超静定结构的概念和特点；

常见的超静定结构形式；

力法的基本概念和力法求解超静定结构的方法；

力法计算超静定结构在荷载作用下以及支座移动、温度变化时的内力；

利用对称性简化计算方法；

计算超静定结构的位移。

8.1　超静定结构的组成和超静定次数

8.1.1　超静定结构的组成

工程实际中的结构多数都是超静定结构，由前述内容我们知道，超静定结构是有多余约束的几何不变体系。所以，与静定结构不同，超静定结构的反力和内力仅凭静力平衡条件是无法确定或无法全部确定的，这些无法利用静力平衡条件确定的约束反力，我们称之为多余约束反力。如图 8 - 1 所示，它的水平反力虽可以通过静力平衡条件求出，但竖向反力只凭静力平衡条件无法确定，也不能进一步求出其内力。分析其几何组成，可知图 8 - 1 有 3 个多余约束，可将支座 B、C、D、E 当中的任意 3 个作为多余约束。同时，我们也可以知道，支座 B、C、D、E 当中任意去掉 3 个，超静定结构即可变为静定结构。

超静定结构中的多余约束，是按照几何组成分析得出的结论，并非是不需要的约束。合理设置多余约束会使结构受力、变形更合理，但也增加了解题难度。

工程中常见的超静定结构类型有：

（1）超静定梁 有单跨超静定梁；多跨超静定梁即连续梁，如图 8 - 1 所示；

（2）超静定刚架 分为单跨、多跨刚架；也可分为单层、多层刚架，如图 8 - 2(a) 所示；

（3）排架 有单跨和多跨排架，如图 8 - 2(b) 所示；

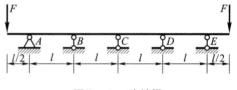

图 8 - 1　连续梁

（4）超静定桁架 有外部有多余约束和内部有多余约束的桁架，如图 8 - 2(c) 所示。

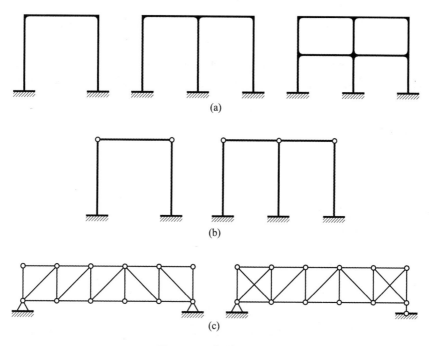

图 8 - 2　超静定结构

8.1.2　结构超静定次数的确定

从几何组成角度来说,超静定次数就是多余约束的个数,可以通过几何组成分析的方法确定。可以认为在静定结构中添加多余约束,就变成超静定结构,所以,确定结构超静定次数的方法是:去掉结构的多余约束,使其变成一个静定的结构,则所去除的约束的数目即为结构的超静定次数。下面结合具体实例说明。

如图 8 - 3(a) 所示的刚架,可以通过以下方式去除多余约束变成静定结构:

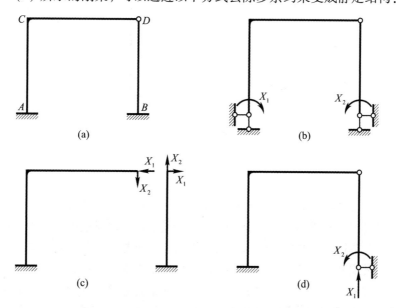

图 8 - 3　刚架去约束的方法

（1）把固定端约束 A、B 换为固定铰支座。如图 8 - 3(b) 所示，相当于去掉两个多余约束。

（2）去除单铰 D。如图 8 - 3(c) 所示，相当于去掉两个多余约束。

（3）把固定端 B 换成活动铰支座。如图 8 - 3(d) 所示，相当于去掉两个多余约束。

如图 8 - 4(a) 所示桁架和排架，切断或去掉一根链杆变为静定结构，有一个多余约束，原结构为一次超静定。

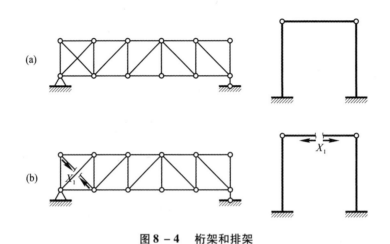

图 8 - 4　桁架和排架

又如图 8 - 5(a) 所示刚架，可以切断一根梁式杆，去掉 3 个多余约束，也可以直接去除一个固定端约束，即变为静定结构，所以刚架为 3 次超静定结构。

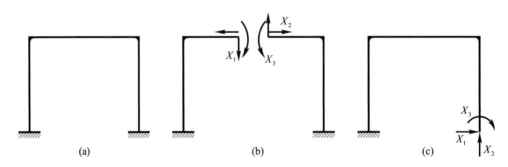

图 8 - 5　超静定次数等于去掉的约束数

总之，根据上述例子可知，去除多余约束的方式通常有如下几种：

（1）切断一根链杆或去掉一个活动铰支座，相当于去掉一个约束。

（2）将固定端支座改成固定铰支座，或者将梁式杆某处改成铰接，相当于去掉一个约束。

（3）去掉一个单铰，或去掉一个固定铰支座，相当于去掉两个约束。

（4）切断一梁式杆或去掉一个固定端支座，相当于去除 3 个约束。

应用上述去约束的方法，可以确定任何结构的超静定次数。而且一般去除约束的方案不是唯一的，但无论如何，要保证去除约束后的结构应该是几何不变体系。

8.2　力法的基本含义和典型方程

8.2.1　力法的基本含义

对于静定结构,可以通过静力平衡条件求解所有约束反力和内力,而超静定结构由于多余约束的存在,平衡方程数少于未知约束力数目,必须补充方程才能求解。力法求解超静定结构,是通过位移协调条件建立补充方程,首先求解超静定结构的多余未知反力和内力,然后再对结构进一步求解。

以图 8 − 6(a) 所示一次超静定结构为例,首先,去除多余约束 B,并施加等效的未知反力 X_1,得到一个带有未知反力的静定结构,如图 8 − 6(b) 所示,我们称之为力法的基本体系。将原超静定结构中去掉多余约束后所得到的静定结构称为力法的基本结构。根据所去约束处的位移条件可知,原结构在 B 处竖向位移为零。可得到如下方程

$$\Delta_1 = 0$$

F 单独作用下,B 处的竖向位移 Δ_{1F} 如图 8 − 6(c) 所示;未知约束反力单独作用下 B 处的竖向位移 Δ_{11} 如图 8 − 6(d) 所示,根据原结构在 B 处的位移为零可以得到

$$\Delta_1 = \Delta_{11} + \Delta_{1F} = 0$$

设 $X_1 = 1$ 作用时产生的位移为 δ_{11},根据线性弹性体的条件,位移与未知反力 X_1 成正比,则 X_1 产生的位移为 $\Delta_{11} = \delta_{11}X_1$,代入上式得

$$\Delta_1 = \delta_{11}X_1 + \Delta_{1F} = 0 \qquad\qquad (8-1)$$

式(8 − 1) 即是补充方程,它的实质是变形协调方程,称之为力法方程。至此,问题转化为求位移 δ_{11} 和位移 Δ_{1F},可以应用图乘法求解。荷载单独作用下弯矩图 M_F 如图 8 − 6(e) 所示;当 $X_1 = 1$ 单独作用时弯矩图 $\bar{M}_1$ 如图 8 − 6(f) 所示。

δ_{11} 可以通过 $\bar{M}_1$ 图自乘得到

$$\delta_{11} = \frac{1}{EI}\left(\frac{1}{2} \times l \times l \times \frac{2}{3} \times l\right) = \frac{l^3}{3EI}$$

Δ_{1F} 可以通过 $\bar{M}_1$ 图和 M_F 图图乘得到

$$\Delta_{1F} = -\frac{1}{EI}\left(\frac{1}{2} \times \frac{1}{2}Fl \times \frac{l}{2} \times \left(\frac{2}{3} \times l + \frac{1}{3} \times \frac{1}{2}l\right)\right) = -\frac{5Fl^3}{48EI}$$

代入式(8 − 1) 求得

$$X_1 = \frac{5}{16}F(\uparrow)$$

求得的未知反力是正号,表示反力 X_1 的实际方向与假设的 X_1 方向相同。

多余未知力求出后,其余所有反力、内力的计算都是静定结构问题。最后作弯矩图有两种途径:一是将 $X_1 = \frac{5}{16}F$ 及原有的外荷载加载到基本结构上,由平衡条件求原结构的约束反力,作出 M 图;二是利用叠加原理,按式(8 − 2)求出原结构任一截面的弯矩 M。

$$M = \bar{M}_1 X_1 + M_F \qquad\qquad (8-2)$$

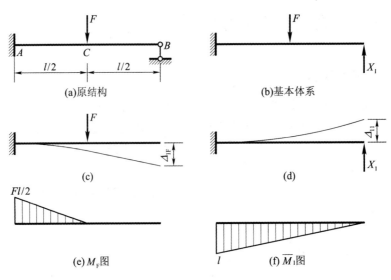

图 8 − 6　力法原理

由以上分析可知, 力法解超静定结构选取基本体系后, 就变成了静定结构求内力和位移的问题。因此, 静定结构内力和位移计算是求解超静定的基础。

综上所述, 这样解除超静定结构的多余约束, 而得到静定的基本结构, 以多余未知力作为基本未知量, 根据基本体系应与原结构变形相同而建立位移条件, 首先求出多余未知力, 然后由平衡条件计算其余反力、内力的方法, 称为力法。

8.2.2　力法的典型方程

如前所述, 用力法计算超静定结构是以多余未知力作为基本未知量, 并根据相应的位移协调条件求解多余未知力。待多余未知力解得后, 即可按静力平衡条件求其反力和内力。下面以三次超静定刚架为例来说明如何建立力法方程。

图 8 − 7(a) 所示刚架为三次超静定, 必须去除三个多余约束。假如去掉固定端支座 B, 并以相应的多余未知力 X_1、X_2、X_3 等效代替所去除多余约束的作用, 得到图 8 − 7(b) 所示的基本体系。在原结构中, 由于 B 端为固定端, 所以没有水平位移、竖向位移和转角, 因此承受荷载 F_1、F_2 和多余未知力 X_1、X_2、X_3 作用的基本体系在 B 点也必须保证同样的位移条件, 即

$$\Delta_1 = 0$$
$$\Delta_2 = 0$$
$$\Delta_3 = 0$$

令 δ_{11}、δ_{21}、δ_{31} 分别表示当 $X_1 = 1$ 单独作用时, 基本结构上 B 点沿 X_1、X_2、X_3 方向的位移, 如图 8 − 7(c) 所示; δ_{12}、δ_{22}、δ_{32} 分别表示当 $X_2 = 1$ 单独作用时, 基本结构上 B 点沿 X_1、X_2、X_3 方向的位移, 如图 8 − 7(d) 所示; δ_{13}、δ_{23}、δ_{33} 分别表示当 $X_3 = 1$ 单独作用时, 基本结构上 B 点沿 X_1、X_2、X_3 方向的位移; 如图 14 − 7(e) 所示; Δ_{1F}、Δ_{2F}、Δ_{3F} 分别表示当外荷载 F 单独作用时, 基本结构上 B 点沿 X_1、X_2、X_3 方向的位移; 如图 8 − 7(f)。根据叠加原理, B 点位移条件可表示为

$$\Delta_1 = 0 , \delta_{11}X_1 + \delta_{12}X_2 + \delta_{13}X_3 + \Delta_{1F} = 0$$
$$\Delta_2 = 0 , \delta_{21}X_1 + \delta_{22}X_2 + \delta_{23}X_3 + \Delta_{2F} = 0$$
$$\Delta_3 = 0 , \delta_{31}X_1 + \delta_{32}X_2 + \delta_{33}X_3 + \Delta_{3F} = 0$$

力法方程中的系数 δ_{ii}、δ_{ij} 和自由项 Δ_{iF} 都是基本体系上的位移。由于基本体系是静定结构，所以按静定结构计算位移的方法计算，解出未知量 X_i 后，再按照分析静定结构方法求原结构的约束反力和内力。也可根据叠加原理求原结构的弯矩

$$M = \bar{M}_1 X_1 + \bar{M}_2 X_2 + \bar{M}_3 X_3 + M_F$$

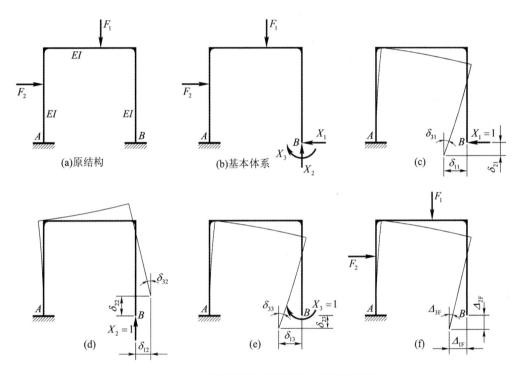

图 8 - 7   超静定刚架各系数和自由项的意义

对与 n 次的超静定而言，共有 n 个多余未知力，而每一个多余未知力对应一个多余约束，进而可以建立一个已知的位移条件，故 n 次超静定可建立 n 个方程，当已知多余约束处的位移为零时，则力法的典型方程可写为：

$$\delta_{11}X_1 + \delta_{12}X_2 + \cdots + \delta_{1n}X_n + \Delta_{1F} = 0$$
$$\delta_{21}X_1 + \delta_{22}X_2 + \cdots + \delta_{2n}X_n + \Delta_{2F} = 0$$
$$\vdots \qquad\qquad\qquad\qquad \vdots$$
$$\delta_{n1}X_1 + \delta_{n2}X_2 + \cdots + \delta_{nn}X_n + \Delta_{nF} = 0$$

在上列方程的各系数中，δ_{ii} 在系数阵列的主斜线上，称为主系数；其余的系数 δ_{ij} 称为副系数；Δ_{iF} 则称为自由项。所有系数和自由项，都是基本结构中多约束处沿某一未知力方向的位移，并规定与所设多余未知力方向一致的为正。所以，主系数总是正值，副系数则可能为正、负或者是零。而且根据位移互等定理，副系数有关系

$$\delta_{ij} = \delta_{ji}$$

系数和自由项求得后，即可解得各多余未知力，然后再按照分析静定结构的方法求原结构的约束反力和内力。或者根据叠加原理求原结构的弯矩

$$M = \bar{M}_1 X_1 + \bar{M}_2 X_2 + \cdots + \bar{M}_n X_n + M_F$$

8.3   用力法计算超静定结构

本节将通过算例来说明用力法计算超静定结构的过程，需要注意，对于超静定梁、刚架和排架，一般在位移计算时，忽略轴向和剪切变形的影响，只考虑弯曲变形的影响。对于特殊情况，如高层框架结构柱的轴力比较大时，要考虑轴向变形对位移的影响，构件截面尺寸高度大而跨度小时，要考虑剪切变形对位移的影响。

8.3.1   用力法求解超静定梁

例 8 – 1   图 8 – 8(a) 所示超静定梁，$EI = $ 常数，试用力法求解作其弯矩图。

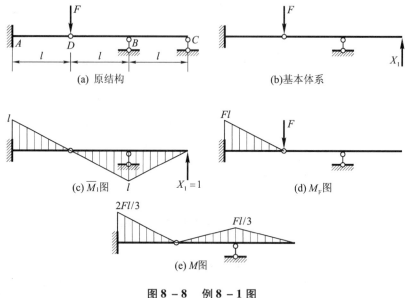

图 8 – 8   例 8 – 1 图

解：(1) 选取基本体系。

选该一次超静定梁的基本体系如图 8 – 8(b) 示，基本未知量为 X_1

(2) 列力法方程，求系数和自由项：

$$\delta_{11} X_1 + \Delta_{1F} = 0$$

绘制 $X_1 = 1$ 单独作用下的 $\bar{M}_1$ 图，如图 8 – 8(c) 所示。

绘制外荷载单独作用下的 M_F 图，如图 8 – 8(d) 所示。

主系数 δ_{11} 由 $\bar{M}_1$ 图自乘得出

$$\delta_{11} = \frac{1}{EI}\left(\frac{1}{2}l \times l \times \frac{2}{3}l\right) \times 3 = \frac{l^3}{EI}$$

自由项 Δ_{1F} 由 $\overline{M}_1$ 图与 M_F 图互乘得出

$$\Delta_{1F} = \frac{1}{EI} \times \frac{1}{2} \times l \times Fl \times \frac{2}{3}l = \frac{Fl^3}{3EI}$$

（3）求解多余未知力、绘内力图。

由力法方程解得多余未知力

$$X_1 = -\frac{F}{3}$$

按叠加法绘弯矩图：$M = \overline{M}_1 X_1 + M_F$，弯矩图如图 8 - 8(e) 所示。

8.3.2 用力法求解超静定刚架和排架的弯矩图

例 8 - 2 图 8 - 9(a) 所示刚架为超静定结构，在水平力 F 作用下，试求刚架的弯矩图。

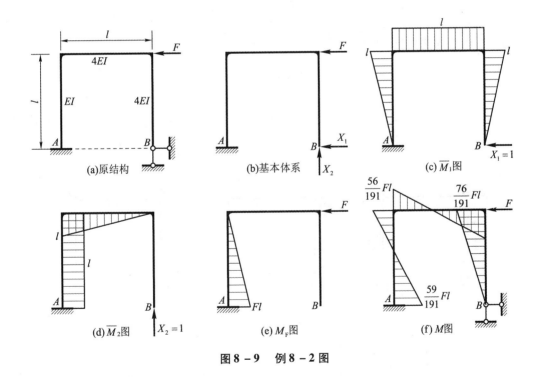

图 8 - 9 例 8 - 2 图

解：（1）选取基本体系。

取基本体系如图 8 - 9(b) 所示。基本未知量为 X_1、X_2。

（2）列力法方程，求系数和自由项。

基本结构应满足点 B 既无水平位移又无竖向位移的变形条件，力法方程为

$$\delta_{11}X_1 + \delta_{12}X_2 + \Delta_{1F} = 0$$
$$\delta_{21}X_1 + \delta_{22}X_2 + \Delta_{2F} = 0$$

为计算系数及自由项，作出 $\bar{M}_1$ 图，$\bar{M}_2$ 图及 M_F 图。分别如图 8 − 9(c)、图 8 − 9(d)、图 8 − 9(e) 所示。

$$\delta_{11} = \frac{1}{EI} \times \frac{1}{2}l^2 \times \frac{2}{3}l + \frac{1}{4EI} \times l^2 \times l + \frac{1}{4EI} \times \frac{1}{2}l^2 \times \frac{2}{3}l = \frac{2l^3}{3EI}$$

$$\delta_{12} = \delta_{21} = -\frac{1}{EI} \times \frac{1}{2}l^2 \times l - \frac{1}{4EI} \times l^2 \times \frac{1}{2}l = -\frac{5l^3}{8EI}$$

$$\delta_{22} = \frac{1}{EI} \times l^2 \times l + \frac{1}{4EI} \times \frac{1}{2}l^2 \times \frac{2}{3}l = \frac{13l^3}{12EI}$$

$$\Delta_{1F} = -\frac{1}{EI} \times \frac{1}{2}Fl^2 \times \frac{1}{3}l = -\frac{Fl^3}{6EI}$$

$$\Delta_{2F} = \frac{1}{EI} \times \frac{1}{2}Fl^2 \times l = \frac{Fl^3}{2EI}$$

(3) 求多余未知外力、画弯矩图。

将各系数代入力法方程，解得

$$X_1 = -\frac{76}{191}F, \ X_2 = -\frac{132}{191}F$$

弯矩图由叠加法得到，最后弯矩可按下式计算

$$M = \bar{M}_1 X_1 + \bar{M}_2 X_2 + M_F$$

如图 8 − 9(f) 所示。

例 8 − 3　图 8 − 10(a) 所示等高单跨排架，已知受水平均布荷载作用。试作出排架的弯矩图。

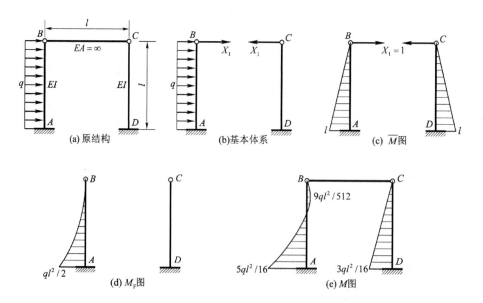

图 8 − 10　例 8 − 3 图

解:(1) 取基本体系。

该排架是一次超静定结构,基本体系如图 8 – 10(b)所示,取 BC 杆的轴力 X_1 为多余未知力。

(2)列力法方程,求系数和自由项。

因 BC 杆的抗压刚度为无穷大,故基本体系应满足柱端处 B、C 两点间的相对位移等于零,即

$$\delta_{11}X_1 + \Delta_{1F} = 0$$

为求其系数,分别作出相应的 $\bar{M}_1$ 图和 M_F 图 8 – 10(c)、图 8 – 10(d)所示。按图乘法主系数 δ_{11} 由 $\bar{M}_1$ 图自乘得出

$$\delta_{11} = \frac{1}{EI}\left(\frac{1}{2}l \times l \times \frac{2}{3}l\right) \times 2 = \frac{2l^3}{3EI}$$

自由项 Δ_{1F} 由 $\bar{M}_1$ 图与 M_F 图互乘得出

$$\Delta_{1F} = \frac{1}{EI} \times \frac{1}{3} \times l \times \frac{1}{2}ql^2 \times \frac{3}{4}l = \frac{ql^4}{8EI}$$

(3)求多余未知力、绘弯矩图。

将系数代入方程,解得

$$X_1 = -\frac{3}{16}ql$$

最后弯矩可由叠加法得到

$$M = \bar{M}_1 X_1 + M_F$$

弯矩图如图 8 – 10(e)所示。

8.3.3　超静定桁架和组合结构的计算

在工程中有时采用超静定桁架这一结构形式。超静定桁架的计算,在基本方法上与其他超静定结构相同。但又有其特点,其基本结构的位移是由杆件的轴向变形引起的。典型方程中的主副系数和自由项,可根据单位荷载法公式得出,即

$$\delta_{ij} = \sum \frac{\bar{F}_{Ni}\bar{F}_{Nj}l}{EA}, \quad \Delta_{iF} = \sum \frac{\bar{F}_{Ni}F_{NF}l}{EA}$$

桁架各杆的最后内力可按下式计算:

$$F_N = \bar{F}_{N1}X_1 + \bar{F}_{N2}X_2 + \cdots + \bar{F}_{Nn} + F_{NF}$$

超静定组合结构中既有链杆又有梁式杆,在计算位移时,对链杆只考虑轴力的影响,而对梁式杆只考虑弯矩的影响,通常可忽略轴力和剪力的影响。

下面,通过一个例题说明超静定桁架和组合结构的计算。

例 8 – 4　计算图 8 – 11(a)所示桁架,各杆 EA = 常数。

解:(1)取基本体系。

该桁架是一次超静定结构,基本体系如图 8 – 11(b)所示,取 CD 杆的轴力 X_1 为多余未知力。

(2)列力法方程,求系数和自由项。

基本结构应该满足杆 CD 某截面处相对位移等于零的变形条件,即

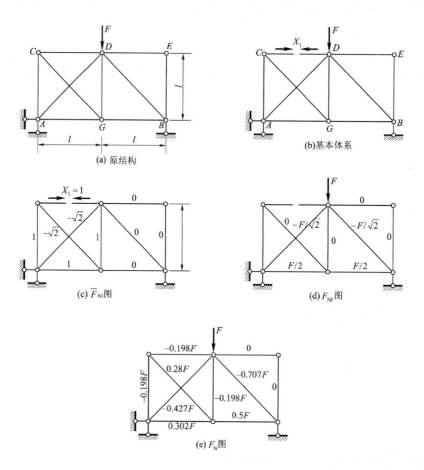

图 8 - 11　例 8 - 4 图

$$\delta_{11}X_1 + \Delta_{1F} = 0$$

为求主系数和自由项。分别求出在 $X_1 = 1$ 作用下各杆的轴力 $\overline{F}_{N1}$，，及在荷载 F 作用下各杆的轴务 F_{NF}，如图 8 - 11(c)、图 8 - 11(d) 所示，按照桁架位移计算公式，有

$$\delta_{11} = \sum \frac{\overline{F}_{Ni}\,\overline{F}_{Ni}l}{EA} = 4 \times \frac{1}{EA} \times (1)^2 \times a + 2 \times \frac{1}{EA} \times (-\sqrt{2})^2 \times \sqrt{2}a = \frac{4a(1+\sqrt{2})}{EA}$$

$$\Delta_{1F} = \sum \frac{\overline{F}_{Ni}F_{NF}l}{EA} = \frac{1}{EA} \times (-\sqrt{2}) \times \left(-\frac{\sqrt{2}}{2}F\right) \times \sqrt{2}a + \frac{1}{EA} \times 1 \times \frac{F}{2} \times a = \frac{Fa(1+2\sqrt{2})}{2EA}$$

（3）求多余未知力。

将各项系数代入力法方程，解得

$$X_1 = -\frac{(3-\sqrt{2})}{8}F$$

由叠加法求桁架各杆轴力

$$F_N = \overline{F}_{N1}X_1 + F_{NF}$$

如图 8 - 11(e) 所示。

例 8 - 5 如图 8 - 12(a) 所示横梁 $I = 10000 \text{ cm}^4$，链杆 $A = 10 \text{ cm}^2$，$a = 2 \text{ m}$，$F = 100 \text{ kN}$，$E = $ 常数，求链杆的轴力并作梁的弯矩图。

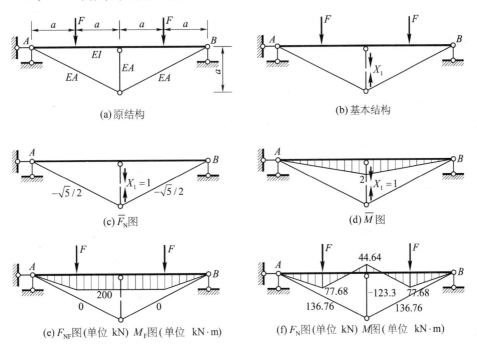

图 8 - 12 例 8 - 5 图

解：(1) 确定基本体系。如图 8 - 12(b) 所示。

(2) 列力法方程，根据断面处相对位移为零，即

$$\delta_{11}X_1 + \Delta_{1F} = 0$$

(3) 求解系数和自由项。

将荷载和 $X_1 = 1$ 分别作用在基本结构上，求出链杆的 $\overline{F}_{N1}$ 和梁的 $\overline{M}_1$ 图以及链杆的 F_{NF} 和梁的 M_F 图，如图 8 - 12(c)、图 8 - 12(d)、图 8 - 12(e) 所示。

$$\delta_{11} = \int \frac{\overline{M}_1^2}{EI}dx + \sum \frac{\overline{F}_{N1}^2}{EA}l$$

$$= \frac{2}{EI}\left(\frac{1}{2} \times 2 \times 4 \times \frac{2}{3} \times 2\right) + \frac{1}{EA}\left[\left(-\frac{\sqrt{5}}{2}\right)^2 \times 2\sqrt{5} \times 2 + 1^2 \times 2\right]$$

$$= \frac{11.99 \times 10^4}{E}$$

$$\Delta_{1F} = \int \frac{\overline{M}_1 M_F}{EI}dx + \sum \frac{\overline{F}_{N1}F_{NF}}{EA}l = \frac{1466.67 \times 10^4}{E}$$

(4) 解方程得：

$$X_1 = -122.32 \text{kN}$$

(5) 内力计算可用叠加原理

$$M = \bar{M}_1 X_1 + M_F, \quad F_N = \bar{F}_{N1} X_1 + F_{NF}$$

内力图如图 8 - 12(f) 所示。

8.4　结构对称性的利用

在工程中常见这样一类结构，它们不仅结构的几何图形是对称的，而且杆件的刚度及支承情况也是对称的，这类结构称之为对称结构。如图 8 - 13(a)、图 8 - 13(b) 所示的刚架就是两个对称的结构，本节根据对称结构的特点来研究它们的简化计算方法。

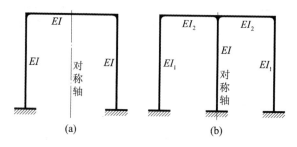

图 8 - 13　对称结构

8.4.1　选取对称的基本体系

下面讨论图 8 - 14 所示对称结构，为三次超静定对称刚架。在用力法求解结构内力时，首先是选取基本体系。显然，该刚架的基本体系并非唯一的，现将刚架从 CD 杆的中点截面 O 处切开，即去除刚架对称轴处的多余约束，并代以相应的多余未知力 X_1、X_2、X_3，得到图 8 - 14(b) 所示的基本体系。

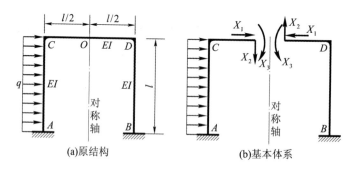

图 8 - 14　对称结构的基本体系

通过从对称轴处去除多余约束的方式，选取对称的基本体系。下面将讨论图 8 - 14(b) 所示的基本体系的受力和变形特点，并由此得出简化的计算方法。

8.4.2　未知力分组及荷载分组

如图 8 – 15(a) 所示对称结构, 将刚架在荷载作用下的内力和变形看作是图 8 – 15(b)、图 8 – 15(c) 两种情况的叠加。对于图 8 – 15(b), 若将对称轴左边部分绕对称轴转动180°, 则左右两部分上的荷载彼此重合(作用点相对应, 数值相等, 方向相同), 则这种荷载称为正对称荷载; 反之, 若将对称轴左边部分绕对称轴转动180°, 左右两部分上的荷载正好相反(作用点相对应, 数值相等, 方向相反), 如图 8 – 15(c) 所示, 这种荷载称为反对称荷载。

同理, 也可以将多余未知力分为正对称和反对称两组。例如 X_1、X_3 为正对称未知力, X_2 为反对称未知力, 如图 8 – 5(d)、图 8 – 5(e) 所示。

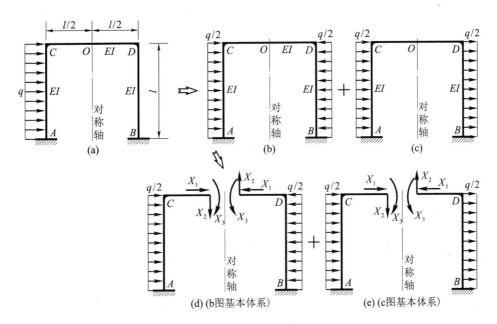

图 8 – 15　荷载分组

考虑原结构中 CD 杆是连续的, 所以在 O 截面处的左右两截面, 相对转角为零, 竖向和水平向相对位移也为零。据此位移条件可以写出力法方程如下:

$$\Delta_1 = 0 , \quad \delta_{11}X_1 + \delta_{12}X_2 + \delta_{13}X_3 + \Delta_{1F} = 0$$
$$\Delta_2 = 0 , \quad \delta_{21}X_1 + \delta_{22}X_2 + \delta_{23}X_3 + \Delta_{2F} = 0$$
$$\Delta_3 = 0 , \quad \delta_{31}X_1 + \delta_{32}X_2 + \delta_{33}X_3 + \Delta_{3F} = 0$$

下面分析在正对称荷载和反对称荷载作用下对称结构内力和变形有何特点。

首先, 在正对称荷载下, 基本体系如图 8 – 15(d) 所示, 为求出力法方程中各系数, 我们需要作出 $\bar{M}$ 图和 M_F 图, 如图 8 – 16 所示。显然: $\bar{M}_2$ 图与其他弯矩图相乘, 结果均为零, 即 δ_{21}、δ_{23}、Δ_{2F} 均为零。所以由力法方程中第二式可知反对称未知力

$$X_2 = 0$$

对于对称未知力 X_1 和 X_3, 需根据第一式、第三式进行计算。

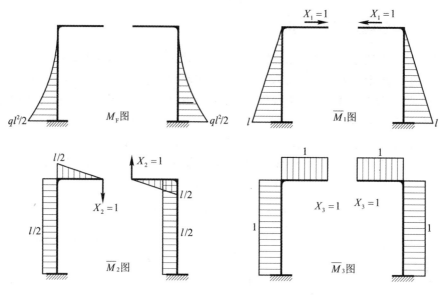

图 8 – 16   正对称荷载下内力

其次，在反对称荷载下，基本体系如图 8 – 15(e) 所示，作出 $\overline{M}$ 图和 M_F 图，然后利用图乘法可得 δ_{12}、δ_{32}、Δ_{1F}、Δ_{3F} 均为零。所以由力法方程中第一、三式可知对称未知力

$$X_1 = 0, \ X_3 = 0$$

对于反对称未知力 X_2，则需根据第二式进行计算。

根据上述分析可知，对称的超静定结构，如果从结构的对称轴处去掉多余约束来选取对称的基本体系，则可使某些副系数为零，从而使力法的计算得到简化。如果荷载是正对称的，则在对称的基本体系上，反对称的多余未知力为零。这时，作用在对称的基本体系上的荷载和多余未知力都是正对称的，故结构的内力和变形状态都是正对称的，不会产生反对称的内力和位移。如果荷载是反对称的，正对称的多余未知力 X_1、X_3 将等于零，于是，结构中的内力将成反对称分布，变形状态也必然是反对称的。据此，可得如下结论：对称结构在正对称荷载作用下，其内力和位移都是正对称的；在反对称荷载下，其内力和位移都是反对称的。

利用上述结论，可使对称结构的计算得到很大的简化。如在分析对称刚架时，可取半个刚架来进行计算。下面对奇数跨和偶数跨两种对称刚架加以说明。

8.5   温度改变和支座移动时超静定结构的计算

8.5.1   温度改变

静定结构当温度改变时，结构可以产生变形，但不引起内力。而超静定结构当温度改变时会产生内力。这是超静定结构的特性之一。

如图 8 – 17(a) 所示刚架，温度改变如图 8 – 17 所示。取图 8 – 17(b) 所示为基本体系。

基本结构在外因和多余未知力共同作用下，去掉多余联系处的位移与原结构的位移相符。

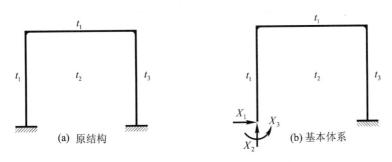

图 8 – 17   超静定结构温度改变时的计算

典型方程为

$$\delta_{11}X_1 + \delta_{12}X_2 + \delta_{13}X_3 + \Delta_{1t} = 0$$
$$\delta_{21}X_1 + \delta_{22}X_2 + \delta_{23}X_3 + \Delta_{2t} = 0$$
$$\delta_{31}X_1 + \delta_{32}X_2 + \delta_{33}X_3 + \Delta_{3t} = 0$$

式中系数的计算与以前相同,与外因无关。自由项为基本结构由于温度变化引起的位移,自由项 Δ_{1t}、Δ_{2t}、Δ_{3t} 分别代表基本结构由于温度改变而在去掉多余约束处沿 X_1、X_2、X_3 方向上所引起的位移,计算式为

$$\Delta_{it} = \sum \overline{F}_{Ni}\alpha t l + \sum \frac{\alpha \Delta t}{h}\int \overline{M}_i \mathrm{d}s$$

最后弯矩为 $M = \overline{M}_1 X_1 + \overline{M}_2 X_2 + \overline{M}_3 X_3$

例 8 – 6   已知图 8 – 18(a) 所示刚架外侧温度升高25°C,内侧温度升高35°C,试绘制其弯矩图并计算横梁中点的竖向位移。$EI = $ 常数,截面对称于形心轴,高度 $h = 1/10$,材料的线膨胀系数为 α。

解:这是一次超静定刚架,基本体系如图 8 – 18(b) 所示。

典型方程为

$$\delta_{11}X_1 + \Delta_{1t} = 0$$

虚拟力状态及内力图如图 8 – 18(c) 所示。

$$\delta_{11} = \sum \int \frac{\overline{M}_1^2 \mathrm{d}s}{EI} = \frac{5l^3}{3EI}$$

$$\Delta_{1t} = \sum \overline{F}_{N1}\alpha t l + \sum \frac{\alpha \Delta t}{h}\int \overline{M}_1 \mathrm{d}s = -230\alpha l$$

解典型方程得

$$X_1 = -\frac{\Delta_{1t}}{\delta_{11}} = 138\frac{\alpha EI}{l^2}$$

最后弯矩为 $M = \overline{M}_1 X_1$,弯矩图如图 8 – 18(d) 所示。

8.5.2   支座移动

与静定结构不同,超静定结构产生支座移动时,结构不仅发生变形,而且产生内力。下

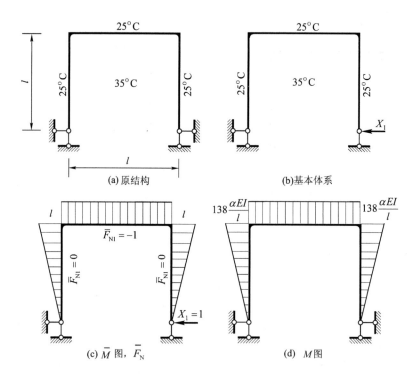

图 8 – 18　　例 8 – 6 图

面讨论超静定结构发生支座移动时的力法解题思路。

如图 8 – 19(a) 所示刚架，当支座 B 由于某种原因发生图示位移。基本体系如图 8 – 19(b) 所示。

典型方程为

$$\delta_{11}X_1 + \delta_{12}X_2 + \delta_{13}X_3 + \Delta_{1\Delta} = 0$$
$$\delta_{21}X_1 + \delta_{22}X_2 + \delta_{23}X_3 + \Delta_{2\Delta} = -\varphi$$
$$\delta_{31}X_1 + \delta_{32}X_2 + \delta_{33}X_3 + \Delta_{3\Delta} = -a$$

计算支座的影响与计算荷载的影响在基本思路和具体方法上都是一致的，系数的计算同前，唯一区别在于力法方程中自由项的计算。在典型方程中，自由项 Δ_1、Δ_2、Δ_3 分别代表基本结构由于支座而在去掉多余约束处沿 X_1、X_2、X_3 方向上所引起的位移，计算式为

$$\Delta_{i\Delta} = -\sum \overline{F}_{Ri} c$$

多余未知力分别等于 1 时的弯矩图如图 8 – 19(c)、图 8 – 19(d)、图 8 – 19(e) 所示。

$$\Delta_{1\Delta} = -\left(-\frac{1}{l}b\right) = \frac{b}{l} \Delta_{2\Delta} = -\left(\frac{1}{l}b\right) = -\frac{b}{l} \Delta_{3\Delta} = 0$$

解方程求得　　X_1、X_2、X_3。

最后求得弯矩为　　$M = \overline{M}_1 X_1 + \overline{M}_2 X_2 + \overline{M}_3 X_3$

例 8 – 7　　如图 8 – 20(a) 所示两端固定的等截面梁 A 段发生了转角，试分析其内力。

解：取基本体系如图 8 – 20(b)。因 $X_3 = 0$，典型方程为

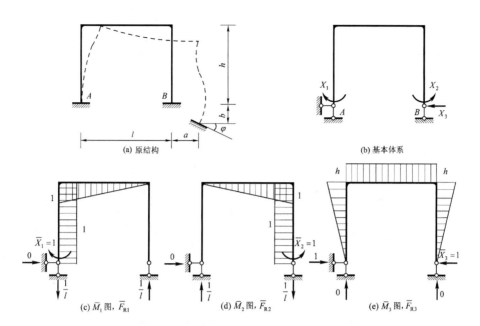

图 8 - 19 超静定结构支座移动时的计算

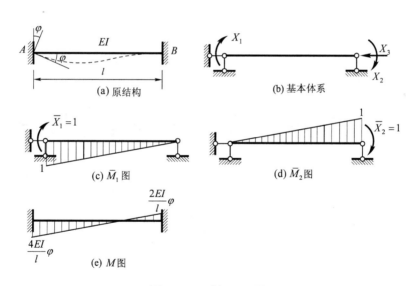

图 8 - 20   例 8 - 7 图

$$\delta_{11}X_1 + \delta_{12}X_2 + \Delta_{1\Delta} = \varphi$$
$$\delta_{21}X_1 + \delta_{22}X_2 + \Delta_{2\Delta} = 0$$

多余未知力分别等于1时的弯矩图如图8-20(c)、(d)所示。

$$\delta_{11} = \delta_{22} = \frac{l}{3EI}, \ \delta_{12} = \delta_{21} = -\frac{l}{6EI}$$

$$\Delta_{1\Delta} = 0, \ \Delta_{2\Delta} = 0$$

解方程可得

$$X_1 = \frac{4EI}{l}\varphi, \; X_2 = \frac{2EI}{l}\varphi$$

最后弯矩为

如图 8 – 20(e) 所示。

$$M = \bar{M}_1 X_1 + \bar{M}_2 X_2$$

8.6　超静定结构的位移计算

前面介绍的变形体的虚功原理，不仅可以用来计算静定结构的位移，同样也可用来计算超静定结构的位移。如图 8 – 21(a) 所示超静定刚架，如求 CB 杆中点 K 的竖向位移 Δ_{Ky}。需要先用力法计算，画出刚架的弯矩 M 图如图 8 – 21(b) 所示。然后在 K 点施加竖向单位荷载，再用力法计算，画出刚架的弯矩 $\bar{M}$ 图如图 8 – 21(c) 所示。下面就可以用图乘法计算 K 点的位移 Δ_{Ky}。

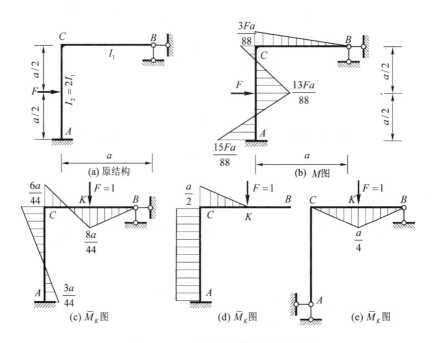

图 8 – 21　超静定结构的位移计算

上述计算比较麻烦，需要用力法计算两个 2 次超静定结构。

由力法计算超静定结构可知：在荷载及多余未知力共同作用下，基本结构的受力和位移与原结构完全一致。这样，超静定结构的位移计算就可转化为静定结构的位移计算。求超静定结构的位移可以用求基本结构的位移代替。虚拟状态如图 8 – 21(d) 或图 8 – 21(e) 所示。

由图 8 – 21(d) 可得

$$\Delta_{Ky} = -\frac{3Fa^3}{1408EI_1}$$

由图 8 – 21(e) 可得

$$\Delta_{Ky} = -\frac{3Fa^3}{1408EI_1}$$

计算超静定结构位移步骤为：

（1）计算超静定结构，求出实际状态的内力。作出原超静定结构的弯矩图。

（2）任选一种基本结构作为虚拟力状态，加上单位力求出虚拟力状态的弯矩图。

（3）按位移计算公式计算所求位移。

本章小结

（1）力法是以静定结构为基础，将多余未知力作为基本未知量，根据变形条件建立力法方程并求解的方法。

（2）力法是以多余未知力作为基本未知量，按照超静定结构上解除多余约束的性质和数量来确定基本未知量的。

（3）解除多余约束后的静定结构称为力法的基本结构。对于同一个超静定结构，可以采用不同的方式解除多余约束。但必须满足解除某些约束后的结构为几何不变且无多余约束的静定结构。虽然选取基本结构的静定结构一般不止一种形式，但是超静定次数必然相等。

（4）力法方程是一组变形协调方程，其物理意义是基本结构在多余未知力和荷载作用下，多余未知力作用处的位移与原结构相应处的位移相同。充分理解方程中的系数和自由项的意义。

（5）尽量利用结构的对称性简化计算。对称结构上的任意荷载都可以分解为对称荷载和反对称荷载两组。还可以利用半结构进行简化，选取半结构时，应使该半结构能等效代替原结构半边的受力和变形状态。

（6）会利用对称性简化计算方法，能运用力法计算超静定结构在支座移动、温度变化时的内力。

（7）超静定结构的位移与静定结构的位移相比仅仅是增加了约束力的作用，原超静定结构的位移就是任意选定的基本结构在各多余约束力和荷载共同作用下的位移。

思考与练习

8 - 1　如何得到力法的基本结构？对于给定的超静定结构，它的力法基本结构是唯一的吗？基本未知量的数目是确定的吗？

8 - 2　力法方程中的主系数、副系数和自由项的物理意义是什么？

8 - 3　欲使力法计算超静定结构的工作得到简化，应该从哪些方面去考虑？

8 - 4　题 8 - 4 图(a) 所示超静定结构的基本体系如题 8 - 4 图(b)、题 8 - 4 图(c) 所示。试问分别用这两种基本体系计算时，其位移条件各是什么？并分别写出其力法典型方程。

8 - 5　试确定题 8 - 5 图所示结构的超静定次数。

8 - 6　用力法计算题 8 - 6 图所示各结构，并作 M 图。

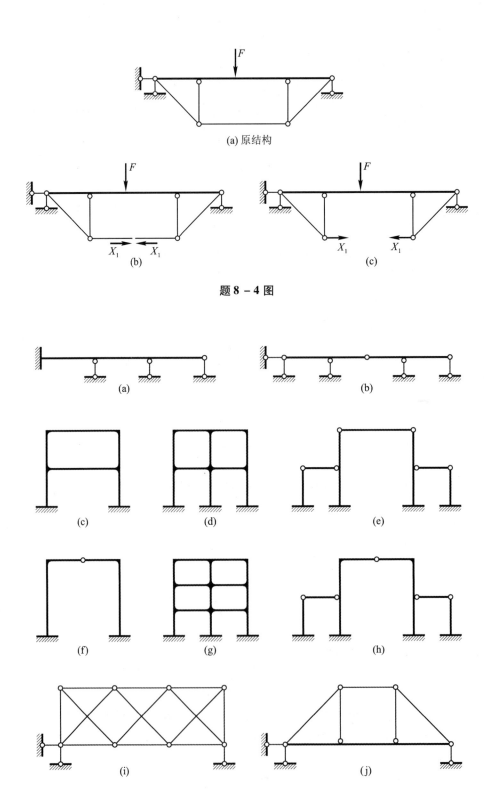

(a) 原结构

题 8 - 4 图

题 8 - 5 图

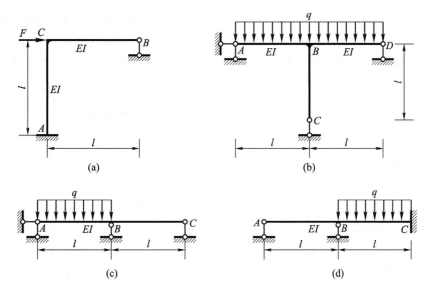

题 8 – 6 图

8 – 7 用力法计算题 8 – 7 图所示刚架，作 M 图。

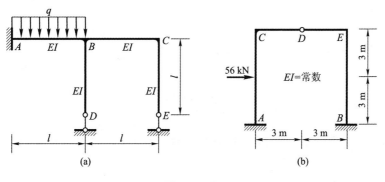

题 8 – 7 图

8 – 8　已知题 14 – 8 图所示桁架中各杆 EA 相同，试求桁架中各杆的轴力。

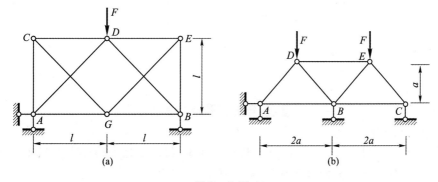

题 8 – 8 图

8-9   应用力法求解题8-9图所示结构,画出梁式杆的M图,并计算各根链杆的轴力。已知梁的$EI = 2 \times 10^4 \text{kN} \cdot \text{m}$,链杆的$EA = 5 \times 10^5 \text{kN}$,$F = 10\text{kN}$,$l = 2\text{m}$。

8-10   题8-10图所示一1不等高两跨排架,$I_1 : I_2 = 4:3$,试作出该排架的弯矩图。

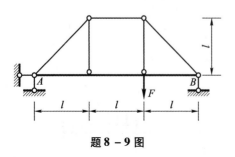

题8-9图

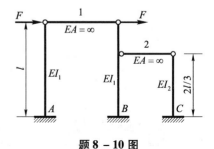

题8-10图

8-11   作题8-11图所示对称结构的弯矩图,$EI =$ 常数。

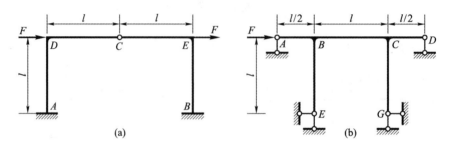

题8-11图

8-12   应用力法求解题8-12图所示梁,已知梁的B端下沉c,$EI =$ 常数,画出梁的M图。

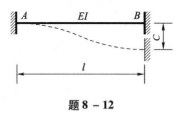

题8-12

参考答案(部分习题)

8-5   (a) 3; (b) 1; (c) 6; (d) 12; (e) 3; (f) 2; (g) 18; (h) 4; (i) 1; (j) 1

8-6   (a) $M_{BC} = 0.375Fl$(下侧受拉),$M_{AB} = 0.6255Fl$(左侧受拉);

      (b) $M_{BA} = M_{BD} = 0.125ql^2$(上部受拉);

（c）$M_{BA} = \dfrac{1}{16}ql^2$（上部受拉）；

（d）$M_{BA} = \dfrac{1}{28}ql^2$（上部受拉），$M_{CB} = \dfrac{3}{28}ql^2$（上部受拉）；

8 – 7　（a）$M_{AB} = \dfrac{3}{28}ql^2$（上部受拉），$M_{CB} = \dfrac{1}{28}ql^2$（上部受拉）；

　　　（b）$M_{AB} = 97.5\ \mathrm{kN \cdot m}$

8 – 8　（a）$F_{NCD} = 0$，$F_{NDE} = 0$，$F_{NCA} = 0$，$F_{NCF} = 0$，$F_{NEF} = 0$，$F_{NBE} = 0$，

　　　$F_{NAD} = -0.707F$，$F_{NBD} = -0.707F$，$F_{NAF} = 0.5F$，$F_{NBF} = 0.5F$；

　　　（b）$F_B = 1.173P$，$F_{NAB} = 0.415P$，$F_{NDE} = 0.17P$

8 – 9　$F_{NCD} = -4.75\ \mathrm{kN}$，$M_E = 16.2\ \mathrm{kN}$；

8 – 10　$F_{N1} = -\dfrac{7}{29}F$，$F_{N2} = -27/29F$

8 – 11　（a）$M_{DC} = \dfrac{3}{8}Fl$（下部受拉），$M_{EC} = \dfrac{3}{8}ql^2$（上部受拉）；

　　　（b）$M_{BA} = \dfrac{1}{4}Fl$（上部受拉），$M_{BC} = \dfrac{1}{4}Fl$（下部受拉），$M_{BE} = \dfrac{1}{2}Fl$（右侧受拉）；

8 – 12　$M_{AB} = \dfrac{6EI}{l^2}c$

第 9 章

位 移 法

本章要点

位移法求解超静定结构的基本概念;

等截面杆件的形常数和载常数,位移法方程的物理意义;

位移法的基本未知量和基本体系的确定方法;

位移法方程的建立,系数和自由项的计算;

应用位移法求解荷载作用下的超静定梁和刚架的内力;

对称结构的计算方法;

位移法求解超静定结构在支座移动和温度变化时的计算方法。

9.1 位移法概述

9.1.1 力法和位移法的联系和区别

力法和位移法是计算超静定结构的两种基本方法。用力法计算超静定结构时,我们是将多余联系的力作为未知量,求出这些未知量后,即可利用静力平衡条件或叠加原理求出结构中各杆件的全部内力。但随着高次超静定结构的出现,如果仍用力法计算将十分繁琐。于是,在力法的基础上建立了位移法。位移法是计算超静定结构基本的、也是有效的方法,不仅如此,对于静定结构,位移法也是一种计算方法。

结构的内力与位移之间具有一定的关系,即确定的内力只与确定的位移相对应。从这点出发,在分析超静定结构时,先设法求出内力,然后计算相应的位移,这便是力法;但也可以反过来,先确定某些位移,再据此推求内力,这便是位移法。由此可以看出,位移法和力法的主要区别在于它们所选取的基本未知量不同。力法是以结构中的多余约束力为基本未知量,利用位移条件可以求出多余未知力。而位移法是取结点位移为基本未知量,利用平衡条件求出结点位移。位移法未知量的个数与超静定次数无关,这就使得对一个超静定结构的力学计算,有时候用位移要比用力法计算简单得多,尤其用于一些超静定次数较多的刚架。

9.1.2 位移法的基本思路

为了说明位移法的基本思路,我们来分析图 9 – 1(a) 所示刚架的位移。它在均布荷载 q 作用下将发生虚线所示的变形,在刚结点 1 处两杆的杆端均发生相同的转角 Z_1。此外,若略去轴向变形,则可认为两杆长度不变,因而结点 1 没有线位移。如何据此来确定各杆内力呢?

对于 1 – 2 杆, 可以把它看成是一根两端固定的梁, 除了受到均布荷载 q 作用外, 固定支座 1 还发生了转角 Z_1, 如图 9 – 1(b) 所示, 而这两种情况下的内力都可以由力法算出。同理, 1 – 3 杆则可以看做是一端固定、另一端铰支的梁, 而在固定端 1 处发生了转角 Z_1, 如图 9 – 1(c) 所示, 其内力同样可以用力法算出。可见, 在计算此刚架时, 如果以结点 1 的角位移 Z_1 为基本未知量, 设法先求出 Z_1, 则各杆的内力可以随之确定。这就是位移法的思路。

由以上讨论可知, 在位移法中需要解决以下问题:

(1) 用力法算出单跨超静定梁在杆端发生各种位移(角位移、线位移)时以及荷载等因素作用下的内力。

(2) 确定以结构上的哪些位移作为基本未知量。

(3) 如何求出这些位移。

在后面的章节会讨论解决以上问题。

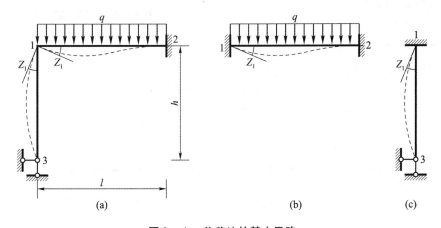

图 9 – 1　位移法的基本思路

9.2　等截面单跨超静定梁的杆端内力

位移法是用加约束的方法将结构中的各杆件均变成单跨超静定梁。在不计轴向变形的情况下, 单跨超静定梁有图 9 – 2 所示三种形式。它们分别为: 两端固定梁, 如图 9 – 2(a) 所示; 一端固定一端铰支座梁, 如图 9 – 2(b) 所示; 一端固定一端定向滑动梁, 如图 9 – 2(c) 所示。

图 9 – 2　常见单跨超静定梁

上述各单跨超静定梁因荷载作用产生的杆端力, 因支座位移产生的杆端力均可用力法求出, 在位移法中是已知量。

9.2.1 杆端力与杆端位移的正负规定

1. 杆端力的正负规定

M_{AB}、M_{BA} 分别表示 AB 杆 A 端和 B 端的弯矩，其正负号规定为：对杆端而言，顺时针转向为正，逆时针转向为负；对结点而言，逆时针转向为正，顺时针转向为负。

F_{SAB}，F_{SBA} 分别表示 AB 杆 A 端和 B 端的剪力，其正负号规定为：使所研究的分离体有顺时针转动趋势为正，逆时针转动趋势为负。如图 9 – 3 所示。

2. 杆端位移的正负规定

φ_A 表示固定端 A 的角位移，其正负规定为：顺时针方向转动为正，逆时针方向转动为负，如图 9 – 4(a)、图 9 – 4(b) 所示。

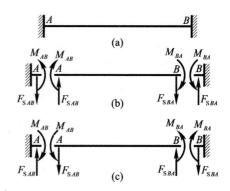

图 9 – 3 杆端力的正负

Δ 表示固定端或铰支座的线位移，两杆端连线发生顺时针方向转动时，线位移为正，反之为负，如图 9 – 4(c) 和图 9 – 4(d) 所示。

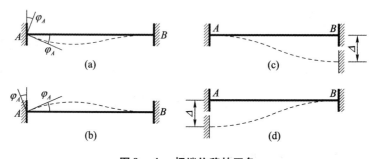

图 9 – 4 杆端位移的正负

9.2.2 荷载作用下等截面单跨超静定梁的杆端力

当支座无位移时，荷载作用下等截面单跨超静定梁的杆端弯矩和杆端剪力分别称为固端弯矩和固端剪力。对于给定的等截面单跨超静定梁，它们是只与荷载形式有关的常数，故称为载常数，分别用 M^F 和 F_S^F 表示。

等截面单跨超静定梁的载常数可以用力法求得。为方便利用列于表 9 – 1 中。

表 9 - 1　等截面单跨超静定梁的固端弯矩和固端剪力(载常数)

编号	简图	弯矩图	固端弯矩		固端剪力	
			M_{AB}^{F}	M_{BA}^{F}	F_{SAB}^{F}	F_{SBA}^{F}
1			$-\dfrac{Fab^2}{l^2}$	$\dfrac{Fa^2b}{l^2}$	$\dfrac{Fb^2}{l^2}\left(1+\dfrac{2a}{l}\right)$	$-\dfrac{Fa^2}{l^2}\left(1+\dfrac{2b}{l}\right)$
			当 $a=b$ 时 $-\dfrac{Fl}{8}$	$\dfrac{Fl}{8}$	$\dfrac{F}{2}$	$-\dfrac{F}{2}$
2			$-\dfrac{ql^2}{12}$	$\dfrac{ql^2}{12}$	$\dfrac{ql}{2}$	$-\dfrac{ql}{2}$
3			$\dfrac{M}{4}$	$\dfrac{M}{4}$	$-\dfrac{3M}{2l}$	$-\dfrac{3M}{2l}$
4			$-\dfrac{Fab}{2l^2}(l+b)$	0	$\dfrac{Fb}{2l^3}(3l^2-b^2)$	$-\dfrac{Fa^2}{2l^3}(2l+b)$
			当 $a=b$ 时 $-\dfrac{3Fl}{16}$	0	$\dfrac{11F}{16}$	$-\dfrac{5F}{16}$
5			$-\dfrac{ql^2}{8}$	0	$\dfrac{5}{8}ql$	$-\dfrac{3}{8}ql$
6			$\dfrac{M}{8}$	0	$-\dfrac{9M}{8l}$	$-\dfrac{9M}{8l}$
7			$\dfrac{M}{2}$	M	$-\dfrac{3M}{2l}$	$-\dfrac{3M}{2l}$
8			$-\dfrac{Fa}{2l}(l+b)$	$-\dfrac{Fa^2}{2l}$	F	0
			当 $a=b$ 时 $-\dfrac{3Fl}{8}$	$-\dfrac{Fl}{8}$		

续表 9 – 1

编号	简图	弯矩图	固端弯矩		固端剪力	
			M_{AB}^{F}	M_{BA}^{F}	F_{SAB}^{F}	F_{SBA}^{F}
9			$-\dfrac{Fl}{2}$	$-\dfrac{Fl}{2}$	F	F
10			$-\dfrac{ql^2}{3}$	$-\dfrac{ql^2}{6}$	ql	0
11			$\dfrac{M}{2}$	$\dfrac{M}{2}$	0	0

9.2.3　杆端单位位移引起的单跨超静定梁的杆端内力

杆端单位位移所引起的等截面单跨超静定梁的杆端力称为刚度系数或形常数。形常数只与杆件的长度、截面尺寸及材料的弹性模量有关。

为方便使用,将杆端单位位移所引起的杆端弯矩和杆端剪力列于表 9 – 2 中。

表 9 – 2　等截面单跨超静定梁的刚度系数(形常数)

编号	简图	弯矩图	杆端弯矩		杆端剪力	
			M_{AB}	M_{BA}	F_{SAB}	F_{SBA}
1			$4i$	$2i$	$-\dfrac{6i}{l}$	$-\dfrac{6i}{l}$
2			$-\dfrac{6i}{l}$	$-\dfrac{6i}{l}$	$\dfrac{12i}{l^2}$	$\dfrac{12i}{l^2}$
3			$3i$	0	$-\dfrac{3i}{l}$	$-\dfrac{3i}{l}$

续表 9 - 2

编号	简图	弯矩图	杆端弯矩		杆端剪力	
			M_{AB}	M_{BA}	F_{SAB}	F_{SBA}
4	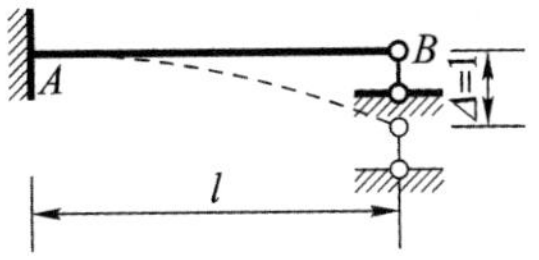	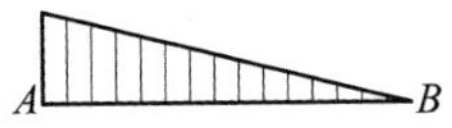	$-\dfrac{3i}{l}$	0	$\dfrac{3i}{l^2}$	$\dfrac{3i}{l^2}$
5	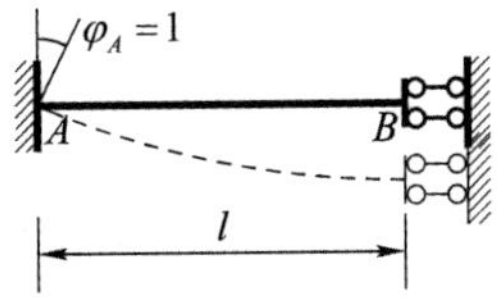	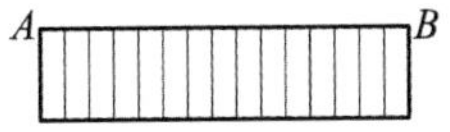	i	$-i$	0	0
6	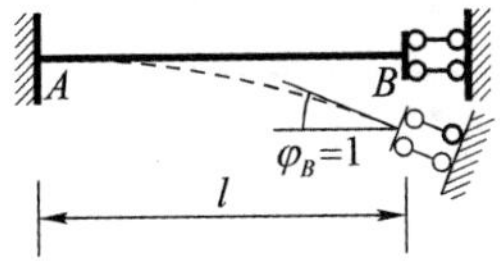	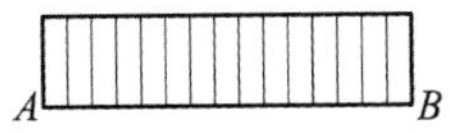	$-i$	i	0	0

在形常数中 $i = \dfrac{EI}{l}$，称为杆件的线刚度。

9.3　位移法的基本概念

位移法是以结点位移作为基本未知量求解超静定问题的方法。

我们以图 9 - 5(a) 所示刚架来说明位移法的基本概念，设刚架在受到荷载 q 作用后发生图中虚线所示的变形。

当不计轴向变形时，刚结点 1 不发生线位移，只发生角位移 Z_1，且杆 1 - 2 和 1 - 3 的 1 端发生相同的转角 Z_1。只要求出转角 Z_1，两个杆的变形和内力就完全确定。用位移法解此题时只有一个未知量 Z_1。具体过程如下：

(1) 在刚结点 1 上加一限制转动（不限制线位移）的约束，称之为附加刚臂，如图 9 - 5(b) 所示。因不计轴向变形，杆 1 - 3 变为一端固定，一端铰支梁，杆 1 - 2 变为两端固定梁。原刚架则变成两个单跨超静定梁体系。

(2) 在基本结构图 9 - 5(b) 上施加原结构的外荷载，杆 1 - 2 发生虚线所示的变形，但杆端 1 面被刚臂制约，不能产生角位移，使得刚臂中出现了反力矩 R_{1F}，并规定以顺时针转动为正，反之为负。R_{1F} 借助载常数表 9 - 1 求得。

(3) 为使基本结构与原结构一致，需将刚臂（连同刚结点 1）转动一角度 Z_1，使得基本结构的结点 1 转角与原结构虚线所示自然变形状态刚结点转角相同。刚臂转动角度 Z_1 所引起的刚臂反力矩用 R_{11} 表示，并规定以顺时针转动为正。

R_{11} 可用未知量 Z_1 表示为

$$R_{11} = r_{11}Z_1$$

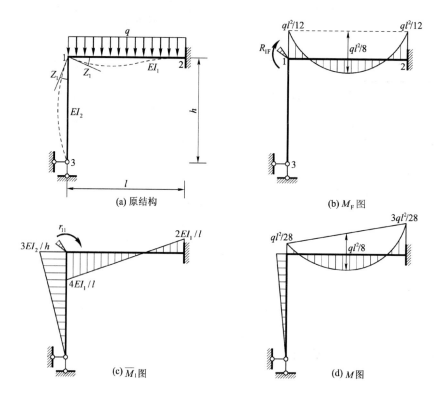

图 9 - 5   位移法求解刚架

r_{11} 为刚臂产生单位转角(即 $Z_1 = 1$) 时, 所引起的刚臂反力矩, 即刚度系数, 如图 9 - 5(c) 所示, r_{11} 可以借助形常数表 9 - 2 求得。

(4) 荷载作用于基本结构, 引起刚臂反力矩 R_{1F}; 刚结点转角 Z_1 引起刚臂反力矩 R_{11}。二者之和为总反力矩 R_1, 即

$$R_1 = R_{11} + R_{1F}$$

在基本结构上施加原结构荷载, 令基本结构的刚臂转动原结构的结点转角, 这使得基本结构和原结构的受力状态及变形状态完全一致。这时, 刚臂已失去约束作用, 没有刚臂存在刚结点自身也能处于平衡状态。这表明总反力矩

$$R_1 = 0$$

即

$$R_{11} + R_{1F} = 0$$

或

$$r_{11}Z_1 + R_{1F} = 0 \qquad (9 - 1)$$

式(9 - 1) 中的自由项 R_{1F} 及系数 r_{11} 可以借助载常数表 9 - 1 和形常数表 9 - 2 由刚结点的平衡条件求出。作法如下:

刚臂(结点 1) 正向单位转角 $Z_1 = 1$, 由形常数表 9 - 2 查得杆 1 - 2 和 1 - 3 的弯矩图如图 9 - 5(c) 中所示, 称为单位弯矩图, 记为 $\overline{M}_1$。

取结点 1 为分离体,其上的刚臂反力矩及杆端弯矩如图 9 – 6(a) 所示。由平衡方程 $\sum M_1 = 0$ 得

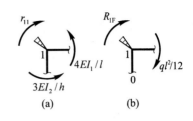

图 9 – 6　结点 1 分离体

$$r_{11} = 4\frac{EI_1}{l} + 3\frac{EI_2}{h}$$

为了计算简便起见,设已知 $l = h$, $I_1 = I_2 = I$, 即

$$r_{11} = 7\frac{EI}{l} = 7i$$

将荷载 q 作用在基本结构上,由载常数表 9 – 1 查得弯矩图如图 9 – 5(b) 所示,称为荷载弯矩图,记为 M_{F}。

取荷载作用下的结点 1 为分离体,其上的刚臂反力矩及杆端力矩如图 9 – 6(b) 所示,由平衡条件 $\sum M_1 = 0$ 得

$$R_{1\mathrm{F}} + \frac{ql^2}{12} = 0$$

解得

$$R_{1\mathrm{F}} = -\frac{ql^2}{12}$$

将所求结果代入式(9 – 1) 中,则得

$$Z_1 = -\frac{R_{1\mathrm{F}}}{r_{11}} = \frac{ql^2}{84i}$$

求出转角 Z_1 后,则原结构刚架的最后弯矩图可根据叠加原理,由下式求得:

$$M = \bar{M}_1 Z_1 + M_{\mathrm{F}}$$

所以,1 – 3 杆 1 截面的弯矩

$$M_{13} = 3i \times \frac{ql^2}{84i} + 0 = \frac{ql^2}{28}$$

1 – 2 杆 2 截面的弯矩

$$M_{12} = 2i \times \frac{ql^2}{84i} + \frac{ql^2}{12} = \frac{3ql^2}{28}$$

由结点 1 的平衡条件可知

$$M_{12} = M_{13} = \frac{ql^2}{28}$$

原刚架的最后弯矩图如图 9 – 5(d) 所示。

9.4　位移法的基本未知量和基本结构

在力法计算中,基本未知数的数目等于超静定次数。位移法的基本未知量是结点位移,其中包括独立结点角位移和线位移。

位移法的基本结构是单跨超静定梁。为此需要在原结构上施加附加刚臂(限制结点角位移)和附加链杆(限制结点线位移)的方法,将原结构变成若干单跨超静定梁。形成基本结构时所需施加的约束(刚臂和链杆)数目,即位移法基本未知量数目。

9.4.1 位移法的基本未知量

位移法的基本未知量的数目等于刚性结点的角位移数和结点线位移数的总和。这里讨论确定未知量数目的方法。

1. 结点角位移

确定独立的结点角位移数目比较容易。由于在同一刚结点处的各杆端的转角都相等,即每一个刚结点只有一个独立的角位移。因此,结构有几个刚结点就有几个角位移。至于铰结点或铰支座处各杆端的转角,它们不是独立的,一般不取其为基本未知量。这时在结构的刚结点上需加刚臂,铰结点处不需加刚臂,如图 9-7(a) 所示结构,结点 1 和 3 处应加刚臂,基本结构如图 9-7(b) 所示。其中杆 $A-1$、$B-1$、$C-3$ 均为两端固定梁,杆 $1-2$、$D-2$、$2-3$ 则均为一端固定一端铰支梁。

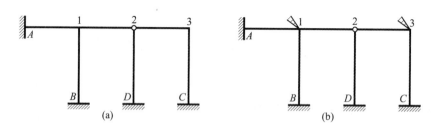

图 9-7 超静定结构结点角位移的确定

2. 独立的结点线位移

如图 9-8(a) 所示排架结构中,受荷载作用后,忽略轴力产生的轴向变形,横梁的长度不发生变化。在发生微小位移 Z_1 的情况下,各结点没有竖向位移,各柱上端发生相同的位移 Z_1。只需加一个附加水平链杆即可限制各结点的水平线位移,基本结构如图 9-8(b) 所示。

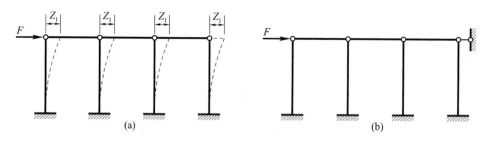

图 9-8 超静定结构结点线位移的确定

一般情况下,为确定独立的结点线位移数目,可采用刚结点铰结化的方法,即将原结构中所有刚结点和固定支座均改为铰结点;从而得到一个相应的铰结体系。若此铰结体系为几何不变体系,则原结构没有结点线位移,不需加链杆。图 9-7(a) 中所示结构即属于此种情况。若为几何可变或瞬变体系,则可以通过添加链杆使其成为几何不变体系,所需添加的最少链杆数目就是原结构独立的结点线位移个数。

为确定图 9-9(a) 所示结构的独立结点线位移数目,需将四个刚结点用铰结点代替,得到图 9 - 9(b)中的铰接体系。该体系是几何可变的,需在结点上加两个水平链杆,如图 9 - 9(c)所示,才能使其成为几何不变体系。这样,该体系的独立线位移数为 2。

图 9 - 9(a)所示结构的位移法基本结构如图 9 - 9(d)所示,其位移法基本未知量数目等于 6。

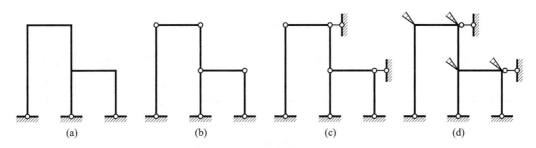

图 9 - 9　超静定结构基本未知量的确定

9.4.2　位移法的基本结构

上面我们讨论了位移法的基本未知量数目是如何确定的,在此基础上便可讨论位移法的基本结构了。在力法计算中,是将原结构的多余联系解除而得其基本结构。而在位移法计算中,恰恰与上述相反,是在原结构中的刚性结点处暂时加上刚臂,以阻止全部刚性结点产生角位移,同时在结点有线位移处暂时加上链杆,以阻止全部结点产生线位移,这样便形成了位移法的基本结构。由此可见,位移法的基本结构由一系列的单跨超静定梁组成。

图 9 - 10(a)所示的连续梁,其基本结构如图 9 - 10(b)所示,在结点 1、2 处分别加上刚臂。

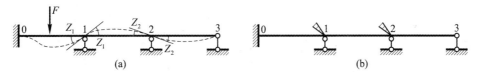

图 9 - 10　超静定梁的基本结构

图 9 - 11(a)所示的刚架,其基本结构如图 9 - 11(c)所示。除在刚性结点处分别加上刚臂外,在结点有线位移处加上链杆。

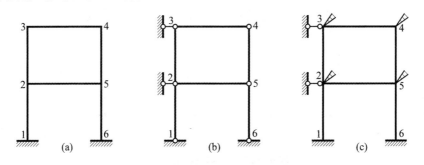

图 9 - 11　超静定刚架的基本结构

图 9 – 12(a) 所示结构,分析其刚性结点数为 5。确定其线位移数目时,将各刚性结点和固定端均化为铰结,得铰结图如图 9 – 12(b) 所示。则结点线位移数为 2,所以,该结构的未知量数目为 7,相应地加上附加刚臂和链杆,得基本结构如图 9 – 12(c) 所示。

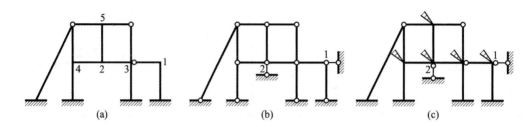

图 9 – 12   超静定刚架的基本结构

应该指出,在位移法的基本结构中所加的刚臂约束,它只能起着阻止相应结点发生角位移的作用,而并不能阻止相应结点发生线位移。同样,所加的链杆仅能起到阻止结点发生线位移的作用,而并不能阻止相应结点发生角位移,两者是相互独立的。

9.5   位移法典型方程及计算步骤

本节将以图 9 – 13(a) 中所示刚架为例,进一步说明用位移法的计算步骤。

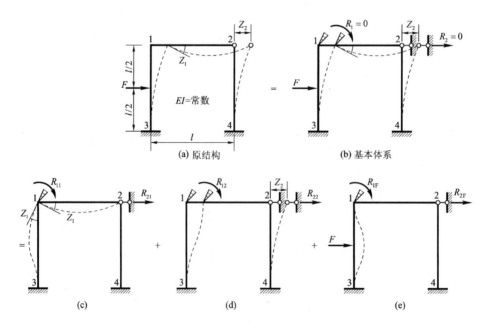

图 9 – 13   位移法的典型方程

9.5.1　位移法典型方程

图 9 – 13(a) 所示刚架，在荷载作用下，会产生如图 9 – 13(a) 中虚线所示的变形。刚结点 1 的转角为 Z_1，结点 1 和结点 2 的水平线位移为 Z_2。在刚架结点 1 处加一刚臂，在结点 2(或结点 1)处加一水平支承链杆，形成位移法的基本体系如图 9 – 13(b) 所示。

基本未知量为结点 1 的转角 Z_1，以及线位移 Z_2。

为消除基本结构与原结构的差别，令两个附加约束分别发生位移 Z_1、Z_2，这些位移在两个约束上所引起的反力分别标记如下：

R_{11}、R_{21}——Z_1 引起的在约束 1、2 上的反力，如图 9 – 13(c) 所示。

R_{12}、R_{22}——Z_2 引起的在约束 1、2 上的反力，如图 9 – 13(d) 所示。

将荷载施加在基本结构上，因荷载作用，结点 1 处在刚臂约束上产生约束力矩 R_{1F}，结点 2 处在支杆约束上产生约束力 R_{2F}，如图 9 – 13(e) 所示。

当这些结点位移等于原结构在荷载作用下的真实结点位移时，基本结构的受力和变形状态就与原结构在荷载作用下的受力和变形状态完全一致，这时，各附加约束均已不起作用。这就是说，基本结构在荷载和结点位移 Z_1、Z_2 的共同作用下，各刚臂的约束力矩和链杆约束的约束力均应为零。

以 R_i 代表由荷载和附加约束位移共同作用，在第 i 个附加约束上所引起的反力，则按上述分析应有

$$\left. \begin{array}{l} R_1 = R_{11} + R_{12} + R_{1F} = 0 \\ R_2 = R_{21} + R_{22} + R_{2F} = 0 \end{array} \right\} \tag{9-2}$$

其中 R_{ij} 的前角标 i 表示产生力的位置，后角标 j 表示产生力的原因。如 R_{21} 是在发生 Z_1 时，在第二个约束上所引起的反力。

将 R_{ij} 用结点位移 Z_j 的形式表述，有

$$R_{ij} = r_{ij} Z_j \tag{9-3}$$

式中：r_{ij} 的物理意义是当结点产生单位位移 $Z_j = 1$ 时，在 i 约束上引起的反力。

将式(9 – 3)代入式(9 – 2)中，得

$$\left. \begin{array}{l} r_{11} Z_1 + r_{12} Z_2 + R_{1F} = 0 \\ r_{21} Z_1 + r_{22} Z_2 + R_{2F} = 0 \end{array} \right\} \tag{9-4}$$

式(9 – 4)是关于位移法基本未知量的代数方程组，称为位移法典型方程。解方程组即可求出基本未知量 Z_1、Z_2。

9.5.2　位移法计算步骤

为了求出典型方程中的系数和自由项，可以借助于表 9 – 1，绘出基本结构在单位位移 $Z_1 = 1$、$Z_2 = 1$ 以及荷载作用下结构的弯矩图，即 $\bar{M}_1$ 图、$\bar{M}_2$ 图和 M_F 图，如图 9 – 14 所示。

系数和自由项可以分为两类：一类是刚臂上的反力矩 r_{11}、r_{12}、R_{1F}；另一类是链杆上的反力 r_{21}、r_{22}、R_{2F}。对于刚臂上的反力矩，可分别在图 9 – 14(a)、图 9 – 14(b)、图 9 – 14(c) 中取结点 1 为分离体，由力矩平衡方程 $\sum M_1 = 0$ 求得

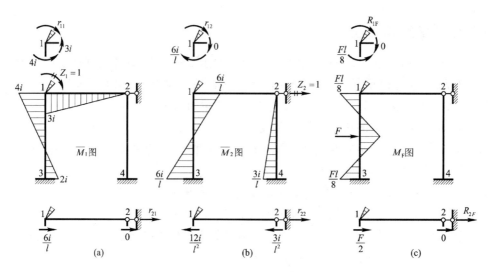

$$\text{图 9 - 14} \quad \text{系数和自由项的计算}$$

$$r_{11} = 7i, \ r_{12} = -\frac{6i}{l}, \ R_{1F} = \frac{Fl}{8}$$

链杆上的反力，可以分别在图 9 - 14(a)、图 9 - 14(b)、图 9 - 14(c) 中用截面割断两柱顶端，取柱顶端以上横梁部分为分离体，并由表 9 - 1、表 9 - 2 查出竖柱 1 - 3、2 - 4 的柱端剪力，由投影方程 $\sum F_x = 0$ 求得

$$r_{21} = -\frac{6i}{l}, \ r_{22} = \frac{15i}{l^2}, \ R_{2F} = -\frac{F}{2}$$

将系数和自由项代入式(9 - 4) 有

$$\left.\begin{array}{l} 7iZ_1 - \dfrac{6i}{l}Z_2 + \dfrac{Fl}{8} = 0 \\[2mm] -\dfrac{6i}{l}Z_1 + \dfrac{15i}{l^2}Z_2 - \dfrac{F}{2} = 0 \end{array}\right\}$$

解以上两式可得

$$Z_1 = \frac{9Fl}{552i}, \ Z_2 = \frac{22Fl^2}{552i}$$

所得均为正值，说明 Z_1、Z_2 与所设方向相同。

结构最后弯矩图可由叠加法绘制：

$$M = \bar{M}_1 Z_1 + \bar{M}_2 Z_2 + M_F$$

最终弯矩图如图 9 - 15 所示。

对于具有 n 个基本未知量的问题，则可以写出 n 个方程

$$\left.\begin{array}{l} r_{11}Z_1 + r_{12}Z_2 + \cdots + r_{1n}Z_n + R_{1F} = 0 \\ r_{21}Z_1 + r_{22}Z_2 + \cdots + r_{2n}Z_n + R_{2F} = 0 \\ \qquad\qquad\qquad \vdots \qquad\qquad\qquad \vdots \\ r_{n1}Z_n + r_{n2}Z_2 + \cdots + r_{nn}Z_n + R_{nF} = 0 \end{array}\right\} \qquad (9 - 5)$$

上述方程组就是具有 n 个基本未知量的位移法典型方程，在方程(9 - 5)中 r_{ii} 称为主系数，$r_{ij}(i \neq j)$ 称为副系数，R_{iF} 称为自由项。r_{ij} 的物理意义是：当第 j 个附加约束发生单位位移 $Z_j = 1$ 时，在第 i 个附加约束上产生的反力，即刚度系数。R_{iF} 的物理意义是基本结构在荷载作用下，第 i 个附加约束上产生的反力。

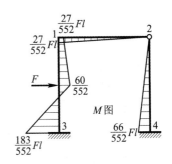

图 9 - 15　原结构的弯矩图

主系数、副系数和自由项有如下特征：

(1) 主系数和副系数与外荷载无关，为结构常数。自由项随荷载变化而改变。

(2) 主系数 r_{ii} 恒为正值，副系数 r_{ij} 和自由项 R_{iF} 可正可负，也可能等于零。

(3) 由反力互等定理知，副系数满足互等关系 $r_{ij} = r_{ji}$。

可以看出，以上各点与力法典型方程是相似的。

最后，归纳位移法的计算步骤如下：

(1) 确定原结构的基本未知量，即独立的结点角位移和线位移数目，加入附加约束而得到基本结构。

(2) 令各附加约束发生与原结构相同的结点位移，根据基本结构在荷载等外因和各结点位移共同作用下，各附加约束上的反力矩或反力均等于零的条件，建立位移法的典型方程。

(3) 绘出基本结构在各单位结点位移作用下的弯矩图和荷载作用下的弯矩图，由平衡条件求出各系数和自由项。

(4) 解典型方程，求出作为基本未知量的各结点位移。

(5) 按叠加法绘制最终的弯矩图。

9.6　用位移法计算超静定结构

9.6.1　无侧移刚架的计算

如果刚架的各结点(不包括支座)只有角位移而没有线位移，这种刚架叫作无侧移刚架。本节讨论无侧移刚架的计算，连续梁的计算也属于这类问题。

一般说来，用位移法解连续梁和无侧移刚架时，在每个刚结点处有一个结点转角 —— 基本未知量，与此相应，在每个刚结点处又可写出一个力矩平衡方程 —— 基本方程。因此，基本方程的个数与基本未知量的个数恰好相等，因而可解出全部基本未知量。

位移法的基本作法是先拆散，后组装。组装的原则有两个：首先，在结点处各个杆件的变形要协调一致；其次，装配好的结点要满足平衡条件。关于第一个要求，在选定基本未知量时已经考虑到。因为在每个刚结点处只规定了一个结点转角，也就是说，我们规定了刚结点处的各杆杆端转角都彼此相等，这样就保证了结点处的变形连续条件。关于第二个要求，是在建立基本方程时才考虑的。因为基本方程就是根据结点的平衡条件列出的。

例 9 - 1　如图 9 - 16(a)所示刚架，q、l、EI 均为已知，绘制刚架的弯矩图。

解：(1) 基本结构。

刚架有一个基本未知量 —— 结点 1 的角位移 Z_1。在结点 1 上附加刚臂得到基本结构，如图 9 - 16(b) 所示。

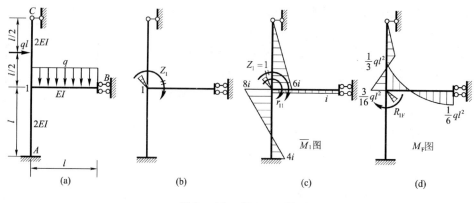

图 9 - 16　例 9 - 1 图

（2）作单位弯矩图 $\overline{M}_1$ 和荷载弯矩图 M_F，求系数和自由项。

查表 9 - 2，这里因杆 $A-1$ 和 $C-1$ 的刚度为 $2EI$，所以 $A-1$ 杆 1 端的杆端弯矩为 $4i_{1A}=8i$，而 $C-1$ 杆 1 端的杆端弯矩为 $3i_{1C}=6i$，$B-1$ 杆 1 端弯矩为 i 作出 $\overline{M}_1$ 图，如图 9 - 16（c）所示。从该图上可直接求出

$$r_{11}=8i+6i+i=15i$$

查表 9 - 1，作 M_F 图，如图 9 - 16（d）所示。从该图上可直接求出

$$R_{1F}=-\frac{3}{16}ql^2-\frac{1}{3}ql^2=-\frac{25}{48}ql^2$$

（3）列典型方程，求未知量。

由位移典型方程

$$r_{11}Z_1+R_{1F}=0$$

求得

$$Z_1=-\frac{R_{1F}}{r_{11}}=\frac{25}{48}ql^2/15i=\frac{5ql^2}{144i}$$

（4）叠加法作弯矩图。

由叠加原理 $M=\overline{M}_1Z_1+M_F$ 可得最后弯矩图，如图 9 - 17（a）所示。图中各纵标值均应乘公因子 ql^2。$B-1$ 杆上有均布荷载，绘该杆段弯矩图时，应先将两杆端弯矩纵标连成一虚线，以此虚线为基线叠加简支梁在均布荷载下的弯矩图。

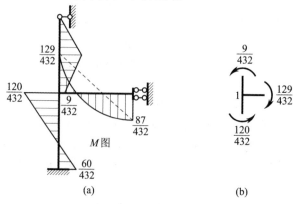

图 9 - 17　例 9 - 1 图

为校核 M 图，可截取结点 1 为分离体，画结点各杆端弯矩值，如图 9 – 17(b) 所示。由平衡方程

$$\sum M_1 = \frac{ql^2}{432}(9 + 120 - 129) = 0$$

判定计算无误。

例 9 – 2　计算图 9 – 18(a) 所示刚架，并作弯矩图。

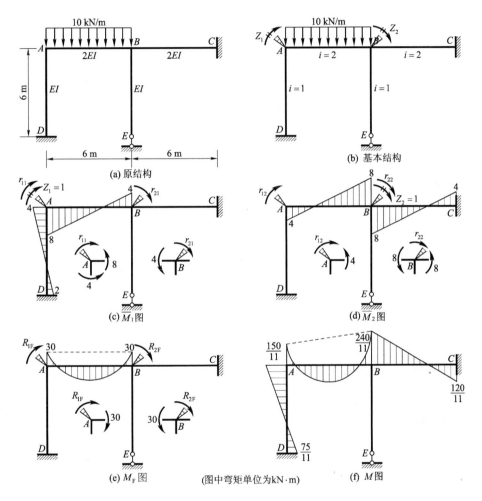

图 9 – 18　例 9 – 2 图

解：（1）基本结构

结构的 A、B 二结点各有一角位移，没有线位移。基本结构如图 9 – 18(b) 所示，基本未知量为 Z_1 和 Z_2。

从前例中可知，计算杆端力时，线刚度 i 将被消掉，即内力与 i 的绝对值无关，只有结点位移才与 i 的绝对值有关。所以可以取相对线刚度，使算式简化。基本结构图 9 – 18(b) 中给出了各杆的相对线刚度值。

（2）作 $\bar{M}_1$ 图，$\bar{M}_2$ 图和 M_F 图。

　　分别令 $Z_1 = 1$、$Z_2 = 1$ 单独作用于基本结构,并作 $\bar{M}_1$ 图、$\bar{M}_2$ 图;作荷载单独作用下的 M_F 图。分别如图 9 – 18(c)、图 9 – 18(d)、图 9 – 18(e) 所示。

　　(3)求主、副系数和自由项。

　　从 $\bar{M}_1$ 图中分别取结点 A、结点 B 为分离体,可求得

$$r_{11} = 4 \times 2 + 4 \times 1 = 12$$
$$r_{12} = r_{21} = 2 \times 2 = 4$$

　　从 $\bar{M}_2$ 图中分别取结点 A、结点 B 为分离体,可求得

$$r_{22} = 4 \times 2 + 4 \times 2 = 16$$

　　从 M_F 图中分别取结点 A、结点 B 为分离体,可求得

$$R_{1F} = -\frac{ql^2}{12} = -30$$
$$R_{2F} = \frac{ql^2}{12} = 30$$

　　(4)列位移法典型方程、解未知量。

　　位移法典型方程为

$$\left.\begin{array}{l} 12Z_1 + 4Z_2 - 30 = 0 \\ 4Z_1 + 16Z_2 + 30 = 0 \end{array}\right\}$$

　　从中解得

$$Z_1 = \frac{75}{22}, \ Z_2 = -\frac{30}{11}$$

　　(5)用叠加法作弯矩图。

　　按 $M = \bar{M}_1 Z_1 + \bar{M}_2 Z_2 + M_F$ 绘出弯矩图,如图 9 – 18 (f) 所示。

9.6.2　有侧移刚架的计算

　　刚架分为无侧移和有侧移两类。图 9 – 19 中刚架除有结点转角外,还有结点线位移,它们都是有侧移的刚架。

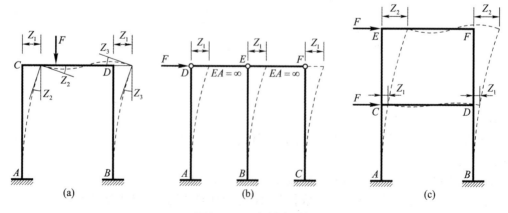

图 9 – 19　有侧移刚架

用位移法计算有侧移的刚架时,基本思路与无侧移刚架基本相同,但在具体作法上增加

了一些新内容：

（1）在基本未知量中，要包括结点线位移；

（2）在杆件内力计算中，要考虑线位移的影响；

（3）在建立基本方程时，要增加与结点线位移对应的平衡方程。

总体来看，用位移法计算有侧移刚架时的基本未知量包括结点转角和独立结点线位移。结点转角的数目等于刚结点的数目。独立结点线位移的数目等于铰结体系的自由度的数目。在选取基本未知量时，由于既保证了刚结点处各杆杆端转角彼此相等，又保证了各杆杆端距离保持不变。因此，在拆了再搭的过程中，能够保证各杆位移的彼此协调，因而能够满足变形连续条件。

基本未知量分为角位移和独立结点线位移两类，与此对应，基本方程也分为两类。下面我们用例题说明此类问题的解题方法。

例 9 – 3 计算图 9 – 20(a) 所示排架，绘制弯矩图。

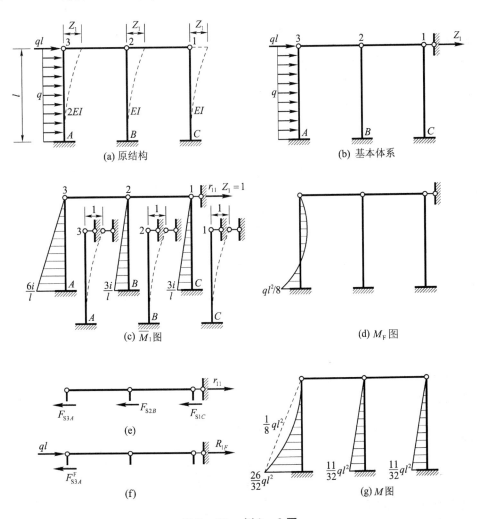

图 9 – 20 例 9 – 3 图

解：（1）基本结构。

当不计排架横梁的轴向变形时，各柱端的水平位移同为 Z_1。取 Z_1 为基本未知量，基本体系如图 9 - 20(b) 所示。

（2）作单位弯矩图 $\bar{M}_1$ 图，求 r_{11}。

在基本结构中，三个立柱均为一端固定一端铰支梁，参照表 9 - 2，单位弯矩图示于图 9 - 20(c) 中。其中 $A - 3$ 杆 A 端的弯矩

$$M_{A3} = \frac{3i_{A3}}{l} = \frac{6i}{l}$$

为求附加链杆反力 r_{11}，过柱头引水平截面，将所取分离体示于图 9 - 20(e) 中。受力图上链杆反力和柱头剪力均按正方向画出。写平衡方程

$$\sum F_x = 0$$

得

$$r_{11} = F_{S1C} + F_{S2B} + F_{S3A}$$

查表 9 - 2 得

$$F_{S3A} = 3i_{3A}/l^2 = 6i/l^2$$
$$F_{S2B} = F_{S1C} = 3i/l^2$$

得

$$r_{11} = 12i/l^2$$

（3）作 M_F 图，求 R_{1F}。

参照表 9 - 1，绘制 M_F 图，如图 9 - 20(d) 所示。为求 R_{1F}，取分离体如图 9 - 20(f) 所示。由平衡方程

$$\sum F_x = 0$$

得

$$R_{1F} + ql - F_{S3A}^F = 0$$

查表 9 - 1 得

$$F_{S3A}^F = -\frac{3}{8}ql$$

解得

$$R_{1F} = -\frac{11}{8}ql$$

（4）列位移法典型方程，求未知量。

由位移法典型方程

$$r_{11}Z_1 + R_{1F} = 0$$

解得

$$Z_1 = -\frac{R_{1F}}{r_{11}} = \frac{11ql^3}{96i}$$

（5）叠加法绘弯矩图。

由叠加原理有

$$M = \bar{M}_1 Z_1 + M_F$$

最终弯矩图如图 9 – 20(g) 所示。

例 9 – 4　绘制如图 9 – 21(a) 所示梁的弯矩图。E 为常数。

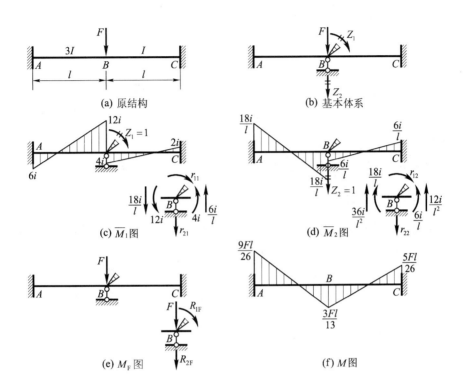

(a) 原结构　　　　(b) 基本体系

(c) $\overline{M}_1$ 图　　　　(d) $\overline{M}_2$ 图

(e) M_F 图　　　　(f) M 图

图 9 – 21　例 9 – 4 图

解：(1) 基本体系。

此结构的基本未知量是结点 B 的角位移 Z_1 和竖向线位移 Z_2，基本体系如图 9 – 21(b) 所示。

(2) 位移法典型方程。

根据基本结构在荷载和 Z_1、Z_2 共同作用下，附加刚臂上反力矩和附加链杆上反力等于零的条件，建立位移法典型方程如下：

$$\left.\begin{array}{l} r_{11}Z_1 + r_{12}Z_2 + R_{1F} = 0 \\ r_{21}Z_1 + r_{22}Z_2 + R_{2F} = 0 \end{array}\right\}$$

(3) 在基本结构上作单位位移弯矩图、荷载弯矩图，求系数和自由项。

设 $\dfrac{EI}{l} = i$，则 $i_{AB} = 3i$，$i_{BC} = i$。绘出 $\overline{M}_1$、$\overline{M}_2$ 和 M_F 图，如图 9 – 21(c)、图 9 – 21(d)、图 9 – 21(e) 所示，然后取结点 B 处的分离体，利用力矩和竖向投影平衡条件可求出系数和自由项

$$r_{11} = 16i, \quad r_{12} = r_{21} = -\frac{12i}{l}, \quad r_{22} = \frac{48i}{l^2}$$

$$R_{1F} = 0, R_{2F} = -F$$

代入典型方程

$$
\left.
\begin{array}{l}
16iZ_1 - \dfrac{12i}{l}Z_2 = 0 \\[2mm]
-\dfrac{12i}{l}Z_1 + \dfrac{48i}{l^2}Z_2 - F = 0
\end{array}
\right\}
$$

解得

$$Z_1 = \frac{Fl}{52i},\ Z_2 = \frac{Fl^2}{39i}$$

（4）叠加法绘弯矩图。

由叠加原理 $M = \bar{M}_1 Z_1 + \bar{M}_2 Z_2 + M_F$ 可得最后弯矩图，如图 9 – 21(f) 所示。

9.6.3　对称结构的计算

对称的连续梁和刚架在工程中应用很多。作用于对称结构上的任意荷载，可以分为对称荷载和反对称荷载两部分分别计算。在对称荷载作用下，变形是对称的，弯矩图和轴力图是对称的，而剪力图是反对称的。在反对称荷载作用下，变形是反对称的，弯矩图和轴力图是反对称的，而剪力图是对称的。利用这些规则，计算对称连续梁或对称刚架时，我们只需计算这些结构的半边结构就可以。

下面就奇数跨和偶数跨的两种对称刚架进行讨论。

1. 奇数跨对称刚架

1）对称荷载

如图 9 – 22(a) 所示，在对称轴上的截面 C 没有转角和水平线位移，但有竖向线位移；同时在 C 截面上只有弯矩和轴力，剪力为零。可取半边结构如图 9 – 22(b) 所示，C 端取为定向支座端。

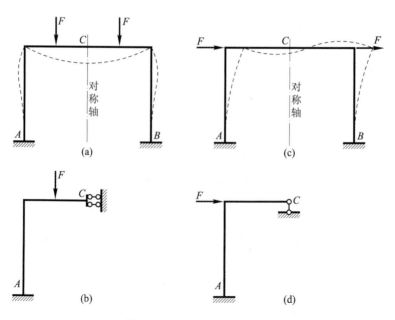

图 9 – 22　奇数跨对称结构

2）反对称荷载

如图9-22(c)所示，在对称轴上的截面 C 处无竖向线位移，有水平线位移和转角，且 C 截面上的轴力和弯矩均等于零，而只有剪力存在。可取半边结构如图9-22(d)所示，C 端为铰支座。

2. 偶数跨对称刚架

1）对称荷载

如图9-23(a)所示，在对称荷载的作用下，因在对称轴上有一根竖杆存在，截面 C 将没有任何位移发生，若在结点 C 左侧邻近处切开，则在该截面上同时存在弯矩、剪力和轴力。因此结点 C 端相当于固定端，其半边结构如图9-23(b)所示。

2）反对称荷载

如图9-24(a)所示，在对称轴上，中间竖杆没有轴力和轴向线位移，但有弯矩和弯曲变形。可将中间杆分成两根杆件，每根杆件的抗弯刚度为原杆的一半，这样问题就变为奇数跨的问题，如图9-24(b)所示，设将此两杆中间的横梁截开，由于荷载是反对称的，故该截面 C 上只有剪力存在，结构如图9-24(c)所示。这一对剪力将只使对称轴两侧的两根竖杆产生大小相等而性质相反的轴力，由于原来中间的内力等于这两根竖杆的内力之和，故剪力对原结构的内力和变形都无影响，于是，我们可将其略去。因此半边结构可按图9-24(d)选取。

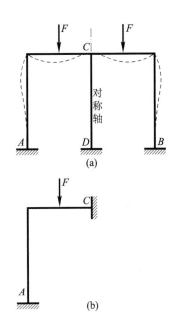

图9-23　偶数跨对称结构

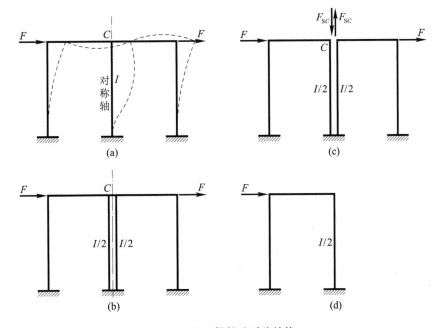

图9-24　偶数跨对称结构

　　若对称结构具有两个对称轴，则按上述相同的分析方法，可取原结构的 $\dfrac{1}{4}$ 进行计算。下面用具体的例子来说明。

　　例 9 – 5　利用对称性求图 9 – 25(a) 所示闭合刚架的弯矩图。已知 $EI = $ 常数，$q = 60$ kN/m。

　　解：由于结构对称，外荷载也对称，同时结构有两个对称轴 $x – x$ 和 $y – y$，所以，结构的内力和位移均对于此两轴。分析对称轴上 B、C 两处的位移条件：B 和 C 截面处的转角位移均为零，B 点的竖向线位移不为零，水平线位移为零；C 点的竖向线位移为零，水平线位移不为零。故可将 B 及 C 截面处用定向支座来代替，这样可取原结构的 1/4 简图来进行计算，其计算简图如图 9 – 25(b) 所示。

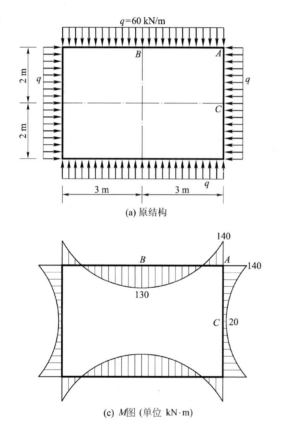

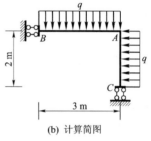

(b) 计算简图

(a) 原结构

(c) M 图（单位 kN·m）

图 9 – 25　例 9 – 5 图

具体计算如下：

（1）基本结构。

取基本体系如图 9 – 26(a) 所示，计算简图只有一个角位移 Z_1。

（2）作 M_F 图和 $\bar{M}_1$ 图，如图 9 – 26(a)、图 9 – 26(b) 所示，求系数和自由项。

查表 9 – 1 中的载常数，得

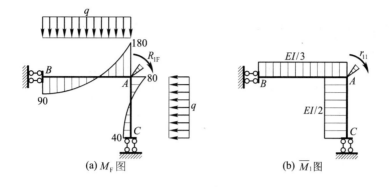

图 9 - 26　例 9 - 5 图

$$M_{AB} = \frac{1}{3}ql^2 = 180 \ (\text{kN} \cdot \text{m})$$

$$M_{BA} = \frac{1}{6}ql^2 = 90 (\ \text{kN} \cdot \text{m})$$

$$M_{AC} = -\frac{1}{3}ql^2 = -80(\ \text{kN} \cdot \text{m})$$

$$M_{CA} = -40(\ \text{kN} \cdot \text{m})$$

作 M_F 图，见图 9 - 26(a)，取 A 为分离体，由 $\sum M_A = 0$ 得

$$R_{1F} = 180 - 80 = 100 \ (\text{kN} \cdot \text{m})$$

查表 9 - 2，绘出 $\overline{M}_1$ 图 9 - 26(b)，从该图上可以直接求出

$$r_{11} = \frac{EI}{3} + \frac{EI}{2} = \frac{5}{6}EI$$

（3）列典型方程，求未知量。

由位移法典型方程

$$r_{11}Z_1 + R_{1F} = 0$$

求得

$$Z_1 = -\frac{R_{1F}}{r_{11}} = -\frac{100}{\frac{5}{6}EI} = -\frac{120}{EI}$$

（4）叠加法绘弯矩图。

由叠加原理 $M = \overline{M}_1 Z_1 + M_F$，求得各杆端弯矩值

$$M_{AB} = \frac{EI}{3}\Big(-\frac{120}{EI} \Big) + 180 = 140 \ (\text{kN} \cdot \text{m})$$

$$M_{BA} = -\frac{EI}{3}\Big(-\frac{120}{EI} \Big) + 90 = 130(\ \text{kN} \cdot \text{m})$$

$$M_{CA} = -\frac{EI}{2}\Big(-\frac{120}{EI} \Big) - 40 = 20 \ (\text{kN} \cdot \text{m})$$

并绘出最后弯矩图如图 9 - 25(c) 所示。

9.7   支座移动和温度变化时的位移法计算

超静定结构当支座发生移动或温度变化等非荷载因素作用时，一般在结构中会引起内力。用位移法计算时，前面所述的基本原理及解题的方法步骤仍都适用，只不过自由项不再是荷载作用下附加约束的约束力，而是支座发生移动或温度变化等非荷载因素作用下附加约束的约束力。

9.7.1   支座移动时的计算

对于具有 n 个基本未知量的超静定结构，发生支座移动 c_i，则位移法基本方程式(9 – 5)可以改写为

$$
\left.
\begin{aligned}
r_{11}Z_1 + r_{12}Z_2 + \cdots + r_{1n}Z_n + R_{1c} &= 0 \\
r_{21}Z_1 + r_{22}Z_2 + \cdots + r_{2n}Z_n + R_{2c} &= 0 \\
\vdots \qquad\qquad\qquad\qquad\qquad &\; \vdots \\
r_{n1}Z_n + r_{n2}Z_2 + \cdots + r_{nn}Z_n + R_{nc} &= 0
\end{aligned}
\right\}
\qquad (9-6)
$$

式中：R_{ic} 为基本结构第 i 个附加约束在支座移动 c 作用下的约束反力。

如图 9 – 27(a) 所示的结构，当支座 B 向下发生 Δ 的移动时，用位移法分析计算该结构。

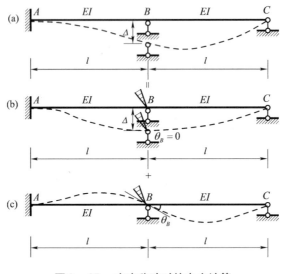

图 9 – 27   支座移动时的内力计算

该结构的基本未知量只有一个，刚结点 B 的转角。在结点 B 附加刚臂得基本结构，如图 9 – 27(b) 所示。基本方程为

$$r_{11}Z_1 + R_{1c} = 0$$

令 $Z_1 = 1$，如图 9 – 27(c) 所示。计算结构的弯矩 $\bar{M}_1$，由结点 B 的平衡分析，得系数

$$r_{11} = 4i + 3i = 7i$$

基本结构支座 B 向下发生 Δ 的移动时，如图 9 – 27(b) 所示。计算结构的弯矩 M_c，由结点 B 的平衡分析，得自由项

$$R_{1c} = -\frac{3i}{l}\Delta$$

将系数和自由项代入基本方程，得

$$7iZ_1 - \frac{3i}{l}\Delta = 0$$

解方程，得

$$Z_1 = \frac{3}{7l}\Delta$$

结构的最终弯矩为：　　　　　　　$M = M_c + \bar{M}_1 Z_1$

9.7.2　温度变化时的计算

当温度发生变化时，超静定结构不仅杆件会发生变形，还将引起内力。用位移法计算的基本方程式(9 - 5)可以改写为

$$\left.\begin{array}{l} r_{11}Z_1 + r_{12}Z_2 + \cdots + r_{1n}Z_n + R_{1t} = 0 \\ r_{21}Z_1 + r_{22}Z_2 + \cdots + r_{2n}Z_n + R_{2t} = 0 \\ \vdots \qquad\qquad\qquad\qquad\qquad \vdots \\ r_{n1}Z_n + r_{n2}Z_2 + \cdots + r_{nn}Z_n + R_{nt} = 0 \end{array}\right\} \qquad (9 - 7)$$

式中：R_{it} 为基本结构第 i 个附加约束在温度变化作用下的约束反力。

温度变化对杆件变形的影响可分为两部分，一部分是杆件轴线处的温度变化 t_0，使杆件发生轴向变形，由此引起附加约束反力为 R'_{it}。另一部分是杆件两侧表面温度变化的温差 Δt，使杆件发生弯曲变形，由此引起附加约束反力为 R''_{it}。两者叠加得

$$R_{it} = R'_{it} + R''_{it}$$

9.8　超静定结构的特性

与静定结构相比较，超静定结构具有以下特性：

(1) 超静定结构比静定结构具有较大的刚度。所谓结构刚度是指结构抵抗某种变形的能力。如图 9 - 28(a)、图 9 - 28(b) 所示两种梁，在荷载、截面尺寸、长度、材料均相同的情况下，简支梁的最大挠度 $y_{max} = \dfrac{0.013ql^4}{EI}$，而两端固定梁的最大挠度 $y_{max} = \dfrac{0.0026ql^4}{EI}$，仅是前者的 $\dfrac{1}{5}$。

(2) 在局部荷载作用下，超静定结构的内力分布比静定结构均匀，分布范围也大。如图 9 - 29(a)、(b) 所示为两种刚架，在相同荷载作用下，图 9 - 29(a) 所示为静定刚架，只有横梁承受弯矩，最大值为 $\dfrac{Fa}{4}$；图 9 - 29(b) 所示的超静定结构刚架的各杆都受弯矩作用，最大弯矩值为 $\dfrac{Fa}{6}$。

加载跨的弯矩减小，意味着该跨应力降低，因而选择梁的截面面积可以比静定结构所要求的小，节省材料。

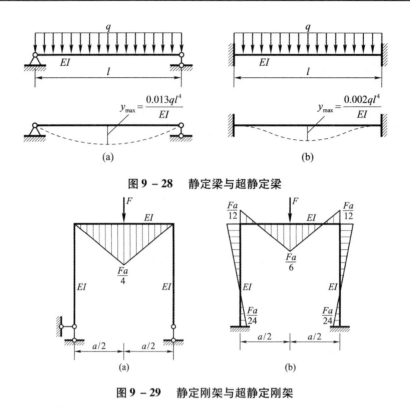

图 9 – 28　静定梁与超静定梁

图 9 – 29　静定刚架与超静定刚架

（3）静定结构的内力只用平衡条件即可确定，其值与结构的材料性质及构件截面尺寸无关。而超静定结构的内力需要同时考虑平衡条件和变形条件才能确定，故超静定结构的内力与结构的材料性质和截面尺寸有关。利用这一特性，也可以通过改变各杆刚度的大小来调整超静定结构的内力分布。

（4）在静定结构中，除荷载以外的其他因素，如支座移动、温度改变、制造误差等，都不会引起内力。而超静定结构由于有多余约束，使构件的变形不能自由发生，上述因素都会引起结构的内力。

（5）静定结构的某个约束遭到破坏，就会变成几何可变体系，不能再承受荷载。而当超静定结构的某个多余约束被破坏时，结构仍然为几何不变体系，仍能承受荷载。因而超静定结构具有较强的抵抗破坏的能力。

本章小结

（1）位移法的基本结构是通过在原结构上施加附加约束的方法而得到的一组超静定梁系。在刚结点和组合结点上加刚臂约束，依据结构的铰结体系为几何不变体系的原则加链杆约束，这是形成基本结构的关键。这些刚结点的角位移和结点线位移就是位移法的基本未知量。

（2）对于超静定结构，只要能求出其结点位移，就可以确定杆件的杆端力，用位移法求解超静定结构的关键是求出结点位移。

（3）位移法典型方程的物理意义是：基本结构在荷载和结点位移共同作用下，与原结构的受力和变形状态相同，附加约束无约束作用，即附加约束的约束力全部等于零。位移法典型方程的每个方程表示刚臂约束力矩为零的结点力矩平衡方程或表示链杆约束力为零的投影平衡方程。

（4）正确地选取基本体系，熟练地计算位移法方程中的主、副系数和自由项，是掌握和运用位移法的关键。必须准确地理解主、副系数和自由项的物理意义，并在此基础上加深理解位移法的基本思路。

（5）计算过程中，结点位移和附加约束的反力要按规定的正向画出。

（6）对称结构在对称荷载作用下产生对称的内力、变形和位移。对称结构在反对称荷载作用下产生反对称的内力、变形和位移。

7. 超静定结构当支座发生移动或温度变化时，用位移法计算，前面所述的基本原理及解题的方法步骤仍都适用，只不过自由项不再是荷载作用下附加约束的约束力，而是支座发生移动或温度变化作用下附加约束的约束力。

思考与练习

9-1　位移法的基本思路是什么?为什么说位移法是建立在力法的基础之上的?

9-2　在位移法中，杆端力和杆端位移的正负号是如何规定的?

9-3　力法与位移法在原理与步骤上有何异同?试将两者从基本未知量、基本结构、基本体系、典型方程的意义、每一系数和自由项的含义和求法等方面作一全面比较。

9-4　确定题9-4图所示各结构用位移法解时的基本未知量数目，并取相应的基本结构。

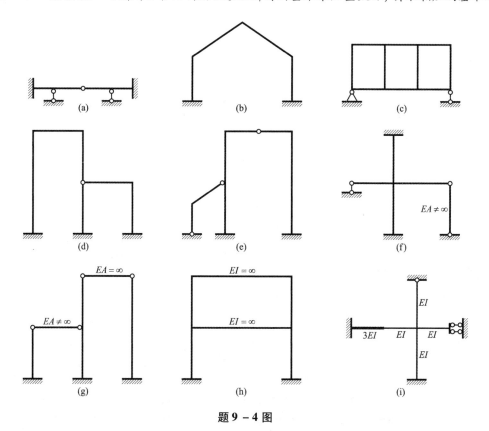

题 9-4 图

9 - 5　用位移法计算题 9 - 5 图所示结构，并作出 M 图。

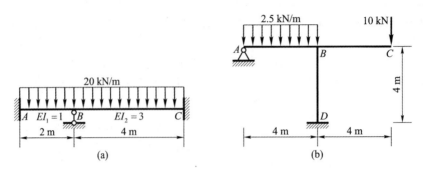

题 9 - 5 图

9 - 6　用位移法计算题 9 - 6 图所示结构，并作出 M、F_S、F_N 图。

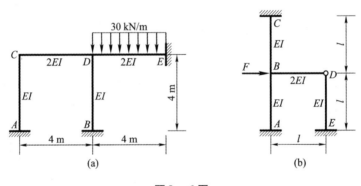

题 9 - 6 图

9 - 7　用位移法计算题 9 - 7 图所示结构，并作出 M、F_S、F_N 图。

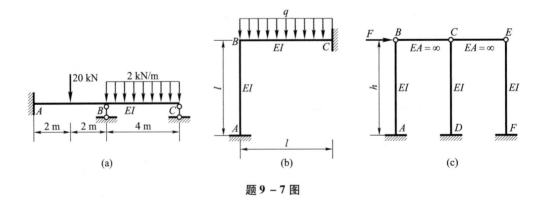

题 9 - 7 图

9 - 8　用位移法计算题 9 - 8 图所示结构，并作出 M 图。

9 - 9　用位移法计算题 9 - 9 图所示连续梁，并作出 M 图。

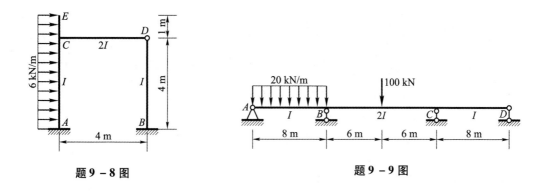

题 9 - 8 图   题 9 - 9 图

9 - 10 用位移法计算题 9 - 10 图所示结构, 并作出 M 图。

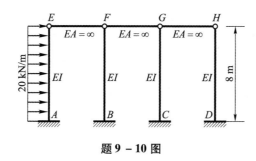

题 9 - 10 图

9 - 11 应用位移法求解题 9 - 11 图所示刚架, 已知刚架的 C 端下沉 $\Delta = 0.5$ cm, $EI = 3 \times 10^5$ kN·m, 画出刚架的 M 图。

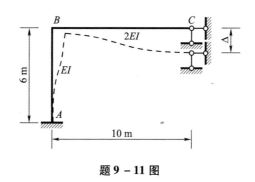

题 9 - 11 图

参考答案(部分习题)

9 - 5 (a) $M_{AB} = \dfrac{44}{3}$ kN·m; (b) $M_{BA} = 20$ kN·m

9 - 6 (a) $M_{ED} = 48.6$ kN·m; (b) $M_{AB} = -\dfrac{2}{9}Fl$

9 - 7 (a) $M_{AB} = 16.7$ kN·m (上侧受拉), $M_{BC} = 11.6$ kN·m (上侧受拉);

$(b) M_{BA} = \dfrac{ql^2}{24}$（左侧受拉）, $F_{SBA} = -\dfrac{ql}{16}$, $F_{NBA} = -\dfrac{7ql}{16}$;

$(c) M_{AB} = M_{DC} = M_{FE} = \dfrac{Fh}{3}$（左侧受拉）, $F_{NBC} = -\dfrac{2}{3}F$, $F_{NCE} = -\dfrac{1}{3}F$

9 – 8　　$M_{AC} = -38.5 \text{ kN} \cdot \text{m}$, $M_{CA} = -15.8 \text{ kN} \cdot \text{m}$,

　　　　$M_{CD} = 18.8 \text{ kN} \cdot \text{m}$, $M_{BD} = -18.2 \text{ kN} \cdot \text{m}$

9 – 9　　$M_B = 175.2 \text{ kN} \cdot \text{m}$（上侧受拉）, $M_C = 59.8 \text{ kN} \cdot \text{m}$（上侧受拉）

9 – 10　　$M_{AE} = -280 \text{ kN} \cdot \text{m}$

9 – 11　　$M_{BA} = 47.37 \text{ kN} \cdot \text{m}$　　$M_{BC} = -47.37 \text{ kN} \cdot \text{m}$

第 10 章

渐近法

本章要点

转动刚度、传递系数和分配系数的概念；

力矩分配法的基本原理，力矩分配法的求解过程；

力矩分配法计算连续梁和无侧移刚架；

无剪力分配法的原理和计算。

计算超静定结构，不论是采用力法或位移法，都要建立和计算典型方程，当未知量较多时，解算联立方程的工作是非常繁重的。在结构的计算中，为了避免建立和解算联立方程，我们总是力求选用比较简捷的方法来计算结构的内力。渐近法避免了建立和求解联立方程，在结构设计中被广泛应用。本章将介绍其中的力矩分配法和无剪力分配法的基本原理和计算步骤。力矩分配法和无剪力分配法是在位移法的基础上发展起来的，是通过反复运算，逐渐趋于精确解的一种方法，这种方法既可避免解算联立方程，又可遵循一定的步骤进行运算，易于掌握，且可以直接计算出杆端弯矩。

10.1　力矩分配法的基本概念

力矩分配法的理论基础是位移法，它的原理、基本假定、基本结构和正负号的规定等都和位移法相同，所不同的仅仅是某些计算技巧上的改进。用力矩分配法计算连续梁和无侧移刚架特别方便。

10.1.1　转动刚度、传递系数和分配系数的概念

1. 转动刚度

如图 10－1 所示，当杆件 AB 的 A 端转动单位转角时，A 端（又称近端）的杆端弯矩 M_{AB} 称为杆端的转动刚度，用 S_{AB} 表示。它表示该杆件抵抗结点转动的能力的大小。

结构给定后，各杆件的转动刚度是确定的。其值的大小与杆件的线刚度 $i = EI/l$ 和杆件另一端（或称远端）的支撑情况有关。

对远端固定的杆件 $S = 4i$，如图 10－1(a) 所示；

对远端铰支的杆件 $S = 3i$，如图 10－1(b) 所示；

对远端滑动的杆件 $S = i$，如图 10－1(c) 所示；

对远端自由或轴向链杆 $S = 0$，如图 10－1(d)(e) 所示。

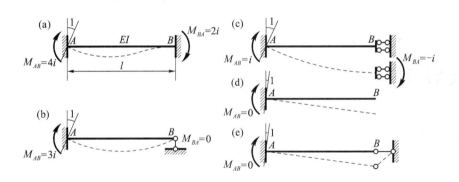

图 10 – 1   杆件的转动刚度

2. 传递系数

当 A 端转动时，B 端也产生一定的弯矩，好比是近端的弯矩按一定的比例传到了远端一样，故将 B 端弯矩与 A 端弯矩之比称为由 A 端向 B 端的传递系数，用 C_{AB} 表示。即

$$C_{AB} = \frac{M_{BA}}{M_{AB}} \ \text{或} \ M_{BA} = C_{AB}M_{AB}$$

对远端固定的杆件 $C = 0.5$；
对远端铰支的杆件 $C = 0$；
对远端滑动的杆件 $C = -1$。

3. 分配系数

如图 10 – 2 所示结构，当结点 1 处作用有单位力矩时，分配给 $1i$ 杆（i 为结构中的 2、3、4 等端点）1 端的力矩用 μ_{1i} 表示，μ_{1i} 称为力矩分配系数，等于杆 $1i$ 的转动刚度与交于 1 点的各杆的转动刚度之和的比值，即

$$\mu_{1i} = \frac{S_{1i}}{\sum_1 S_{1i}}$$

μ_{1i} 是 $1i$ 杆件承受不平衡力矩的能力的体现，力矩分配系数较大（小）的杆件，承受不平衡力矩的较大（小）部分。图 10 – 2 中分配系数分别为 $\mu_{12} = \dfrac{3}{8}$、

$\mu_{13} = \dfrac{4}{8}$、$\mu_{14} = \dfrac{1}{8}$。

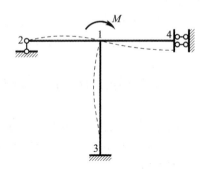

图 10 – 2   结点上各杆弯矩分配系数

10.1.2   力矩分配法的基本原理

下面我们通过一个简单的例子，来说明力矩分配法的基本原理。

在荷载作用下，刚架的变形如图 10 – 3（a）中虚线所示，称作结构的自然状态。

用力矩分配法求解时，先在刚结点 1 上加限制转动的约束（刚臂），将结点 1 固定，使刚架变成三个单跨梁，如图 10 – 3（b）所示，称作结构的约束状态。限制转动约束的作用，从变

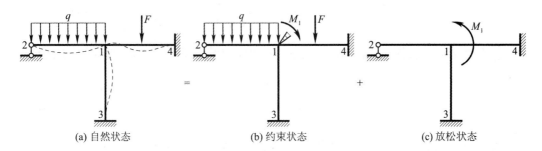

図 10 - 3　力矩分配法的基本原理

形角度看,是使结点1不发生转动;从受力角度看,是在结点1上施加一约束反力矩 M_1。为使结构与原结构等效,再把约束反力矩 M_1 反方向施加在结点1上,如图10-3(c)所示。这就相当于去掉了约束的作用,称作结构的放松状态。显然,将约束状态和放松状态下的内力叠加,即得到结构在荷载作用的自然状态下的内力。

首先求约束状态下的杆端弯矩。约束状态下由荷载引起的杆端弯矩称为固端弯矩,用 M_{ij}^{F} 表示,可由表9-1查得。固端弯矩对杆端而言以顺时针转向为正,对结点而言则以逆时针转向为正。

欲求放松状态下的杆端弯矩,必须解决以下三个问题。

(1) 求约束反力矩 M_1 的值。

约束反力矩 M_1 的值,可由约束状态下结点1的力矩平衡条件求出。由图10-4有

$$M_1 = M_{12}^{\mathrm{F}} + M_{13}^{\mathrm{F}} + M_{14}^{\mathrm{F}} \qquad (10-1)$$

即,约束反力矩 M_1 等于结点1的各杆固端弯矩的代数和。规定约束反力矩以绕结点顺时针转向为正,反之为负。

由于原结构上并不存在限制结点转动的约束,所以结点上各杆的固端弯矩不能使结点平衡,而能使结点产生转动,且结点转角的大小由固端弯矩的代数和决定,即由结点约束反力矩决定。由此,又称结点约束反力矩为结点不平衡力矩。

图 10 - 4　结点约束力矩

(2) 由不平衡力矩求结点上各杆端弯矩。

假设在放松状态下,如图10-3(c)所示,受不平衡力矩 M_1 的作用,结点1的转角为 φ_1,根据位移法中的基本概念,可求得因结点1的角位移 φ_1 所引起的各杆端弯矩为

$$\left.\begin{array}{l} M'_{12} = 3i\varphi_1 = S_{12}\varphi_1 \\ M'_{13} = 4i\varphi_1 = S_{13}\varphi_1 \\ M'_{14} = 4i\varphi_1 = S_{14}\varphi_1 \end{array}\right\} \qquad (10-2)$$

其中 S_{12}、S_{13}、S_{14} 分别为各杆件的转动刚度。

根据结点1的平衡条件,如图10-5所示,将式(10-2)中各式相加,就可以得到结点不平衡力矩 M_1 和由它所引起的结点转角 φ_1 之间的关系

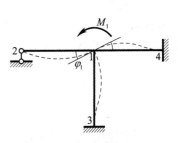

图 10 - 5　杆端分配弯矩

$$M_1 = M'_{12} + M'_{13} + M'_{14}$$
$$= (S_{12} + S_{13} + S_{14})\varphi_1 = (\sum S)\varphi_1$$

式中：$\sum S$ 为结点 1 的各杆端转动刚度之和，可见求出结点不平衡力矩，就可以求出结点转角，其值为

$$\varphi_1 = \frac{M_1}{\sum S} \qquad (10-3)$$

将式(10-3)代入式(10-2)，可以求得结点不平衡力矩作用下 1 结点上各杆的杆端弯矩

$$\left. \begin{aligned} M'_{12} &= \frac{S_{12}}{\sum S}M_1 \\ M'_{13} &= \frac{S_{13}}{\sum S}M_1 \\ M'_{14} &= \frac{S_{14}}{\sum S}M_1 \end{aligned} \right\} \qquad (10-4)$$

这一结果表明，因结点转角引起的杆端弯矩与杆件自身的转动刚度成正比，与通过该结点的各杆件转动刚度的总和成反比。结点不平衡力矩 M_1 按分配系数 $\dfrac{S_{1i}}{\sum S}$ 分配给各杆件的杆端。即

$$\left. \begin{aligned} \mu_{12} &= \frac{S_{12}}{\sum S} \\ \mu_{13} &= \frac{S_{13}}{\sum S} \\ \mu_{14} &= \frac{S_{14}}{\sum S} \end{aligned} \right\} \qquad (10-5)$$

结构给定后，力矩分配系数是确定的。显然，汇交于 l 结点的各杆端的分配系数之和等于 1，即

$$\sum \mu_{1i} = 1 \qquad (10-6)$$

解题时，可用式(10-6)验算分配系数计算是否正确。

由结点不平衡力矩 M_1 所引起的各杆的杆端弯矩 M'_{12}、M'_{13}、M'_{14}，其实就是将 M_1 按分配系数分配给各杆杆端，因此称为分配弯矩。

此处需注意的是，分配弯矩是放松状态下的杆端弯矩，放松状态是将结点不平衡力矩反向加在结点上。因而，按下式

$$\left. \begin{aligned} M'_{12} &= \mu_{12}M_1 \\ M'_{13} &= \mu_{13}M_1 \\ M'_{14} &= \mu_{14}M_1 \end{aligned} \right\} \qquad (10-7)$$

计算分配弯矩时，式中的 M_1 应加负号代入。

（3）求杆件上结点远端的杆端弯矩、传递系数、传递弯矩。

近端弯矩是指杆件靠结点一端的杆端弯矩，远端弯矩是指杆件远离结点一端的杆端弯矩。例如，杆件 1 - 2 的 1 端的弯矩称近端弯矩，2 端的弯矩称为远端弯矩。

根据位移法的基本概念，近端弯矩 M'_{ij} 求出后，远端弯矩 M''_{ji} 可按下式求得，即

$$M''_{ji} = C_{ij}M'_{ij} \tag{10 - 8}$$

式中：C_{ij} 是传递系数。例如，对远端铰结的杆件 1 - 2，其近端弯矩 $M'_{12} = 3i\varphi_1$，远端弯矩 $M'_{21} = 0$，则传递系数

$$C_{12} = \frac{M''_{21}}{M'_{12}} = 0$$

又如，对远端固定的杆件 1 - 3，近端弯矩 $M'_{13} = 4i\varphi_1$，远端弯矩 $M''_{31} = 2i\varphi_1$，则传递系数

$$C_{13} = \frac{M''_{31}}{M'_{13}} = \frac{1}{2}$$

可以看出，结构给定后，传递系数是确定的，它根据杆件远端的支承情况而定。

在力矩分配法中，近端弯矩即是分配弯矩，远端弯矩即是传递弯矩。以后的讲述中，传递弯矩以 M'' 表示。

（4）把图 10 - 3(b) 和图 10 - 5 所示两种情况叠加，就得到图 10 - 3(a) 所示情况，因此，原结构在荷载作用下的杆端弯矩利用叠加原理可以求出，如 $M_{12} = M_{12}^F + M'_{12}$。

上面通过具有一个结点角位移的简单结构，介绍了力矩分配法的基本原理。从中可以看出，用力矩分配法求杆端弯矩的步骤如下：

（1）固定结点，求荷载作用下的杆端弯矩，即固端弯矩。求各杆固端弯矩的代数和，得出结点不平衡力矩。

（2）求各杆端的分配系数，将结点不平衡力矩加以负号，分别乘以各杆件的分配系数，从而得到分配弯矩。

（3）将分配弯矩乘以传递系数，得到各杆件远端的传递弯矩。

（4）原结构在荷载作用下的杆端弯矩等于固端弯矩、分配弯矩及传递弯矩的和。

这样经过一次力矩分配得到的计算结果是精确解，实际上，上述过程就是按位移法的计算原理进行的。只不过没有写典型方程，并避开求解结点角位移，而按一定的程序直接求解杆端弯矩。通常，结构有多个结点角位移，这种情况在力矩分配法中如何处理，将在下节中介绍。

例10 - 1　用力矩分配法计算图 10 - 6(a) 所示连续梁，求杆端弯矩，绘制 M 图、F_S 图。

解：（1）求分配系数。将结点 1 固定，杆件 1 - A 与 1 - B 的转动刚度分别为

$$S_{1A} = \frac{3 \times 2EI}{12} = 0.5EI$$

$$S_{1B} = \frac{4 \times EI}{8} = 0.5EI$$

分配系数

$$\mu_{1A} = \frac{S_{1A}}{S_{1A} + S_{1B}} = 0.5$$

$$\mu_{1B} = \frac{S_{1B}}{S_{1A} + S_{1B}} = 0.5$$

由 $\sum \mu_{1i} = \mu_{1A} + \mu_{1B} = 0.5 + 0.5 = 1$，验算分配系数，计算无误。

将分配系数记入表中第一行结点 1 的两侧。

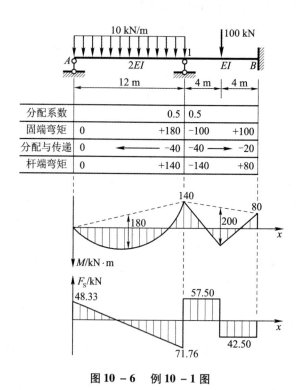

分配系数		0.5	0.5	
固端弯矩	0	+180	−100	+100
分配与传递	0	← −40	−40 →	−20
杆端弯矩	0	+140	−140	+80

图 10 − 6　例 10 − 1 图

（2）求固端弯矩。杆件 1 − A 为一端铰支一端固定梁，杆件 1 − B 为两端固定梁。按表 9 − 1 查得固端弯矩

$$M_{1A}^{F} = \frac{1}{8}ql^2 = 180 \ (\text{kN} \cdot \text{m})$$

$$M_{A1}^{F} = 0$$

$$M_{1B}^{F} = -\frac{1}{8}Fl = -100 \ (\text{kN} \cdot \text{m})$$

$$M_{B1}^{F} = \frac{1}{8}Fl = 100 \ (\text{kN} \cdot \text{m})$$

固端弯矩记入表中第二行相应杆端部位。

按结点 1 的平衡条件，计算结点 1 的不平衡力矩

$$M_1 = M_{1A}^{F} + M_{1B}^{F} = (180 - 100) = 80 \ (\text{kN} \cdot \text{m})$$

（3）求分配弯矩和传递弯矩。将结点 1 的不平衡力矩 M_1 冠以负号，乘以各杆件的分配系数，得各杆件在 1 端的分配弯矩

$$M_{1A}' = \mu_{1A} \times (-M_1) = -40 \ (\text{kN} \cdot \text{m})$$

$$M_{1B}' = \mu_{1B} \times (-M_1) = -40 \ (\text{kN} \cdot \text{m})$$

分配弯矩记入表中第三行相应杆端部位。

将杆件近端的分配弯矩乘以该杆件的传递系数，得该杆件远端的传递弯矩

$$M''_{A1} = 0$$

$$M''_{B1} = \frac{1}{2}M'_{1B} = -20 \ (\text{kN} \cdot \text{m})$$

传递弯矩记入第三行相应杆件远端的部位。

（4）求最终杆端弯矩。将各杆杆端的固端弯矩与分配弯矩和传递弯矩相加，得最终杆端弯矩

$$M_{1A} = M^{\text{F}}_{1A} + M'_{1A} = (180 - 40) = 140 \ (\text{kN} \cdot \text{m})$$

$$M_{A1} = M^{\text{F}}_{A1} + M''_{1A} = 0$$

$$M_{1B} = M^{\text{F}}_{1B} + M'_{1B} = (-100 - 40) = -140 \ (\text{kN} \cdot \text{m})$$

$$M_{B1} = M^{\text{F}}_{B1} + M''_{B1} = (100 - 20) = 80 \ (\text{kN} \cdot \text{m})$$

最终杆端弯矩记入表中第四行。第四行中的每一值都是第二、三行相应值的竖向代数相加。

（5）绘制弯矩图和剪力图。根据最终杆端弯矩绘制，如图 10 - 6(b) 所示。分别取杆 $A-1$、$B-1$ 为分离体，可求得其杆端剪力，并绘制弯矩图和剪力图，如图 10 - 6(c) 所示。

例 10 - 2　计算图 10 - 7(a) 所示无侧移刚架，绘制 M 图。

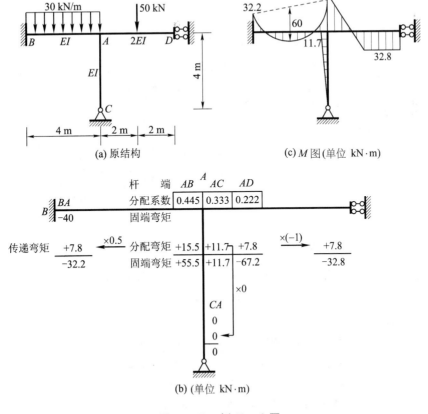

图 10 - 7　例 10 - 2 图

解:(1)求分配系数。

为了计算方便,可令 $i_{AB} = i_{AC} = \dfrac{EI}{4} = 1$,则 $i_{AD} = \dfrac{2EI}{4} = 2$。将结点 A 固定,此时各杆件的转动刚度分别为

$$S_{AB} = 4, S_{AC} = 3, S_{AD} = 2$$

分配系数

$$\mu_{AB} = \frac{S_{AB}}{S_{AB} + S_{AC} + S_{AD}} = \frac{4}{4 + 3 + 2} = \frac{4}{9} = 0.445$$

$$\mu_{AC} = \frac{S_{AC}}{S_{AB} + S_{AC} + S_{AD}} = \frac{3}{4 + 3 + 2} = \frac{3}{9} = 0.333$$

$$\mu_{AD} = \frac{S_{AD}}{S_{AB} + S_{AC} + S_{AD}} = \frac{2}{4 + 3 + 2} = \frac{24}{9} = 0.222$$

(2)求固端弯矩。

$$M_{BA}^{\mathrm{F}} = -\frac{30 \times 4^2}{12} = -40 \ (\mathrm{kN \cdot m})$$

$$M_{AB}^{\mathrm{F}} = \frac{30 \times 4^2}{12} = 40 \ (\mathrm{kN \cdot m})$$

$$M_{AD}^{\mathrm{F}} = -\frac{3 \times 50 \times 4}{8} = -75 \ (\mathrm{kN \cdot m})$$

$$M_{DA}^{\mathrm{F}} = -\frac{50 \times 4}{8} = -25 (\ \mathrm{kN \cdot m})$$

结点 A 的不平衡力矩可由结点 A 的平衡条件求得,即

$$M_A = (40 - 75) = -35(\ \mathrm{kN \cdot m})$$

(3)求分配弯矩和传递弯矩。

分配弯矩分别为

$$M'_{AB} = \mu_{AB}(-M_A) = 0.445 \times 35 = 15.5 \ (\mathrm{kN \cdot m})$$
$$M'_{AC} = \mu_{AC}(-M_A) = 0.333 \times 35 = 11.7(\ \mathrm{kN \cdot m})$$
$$M'_{AD} = \mu_{AD}(-M_A) = 0.222 \times 35 = 7.8 \ (\mathrm{kN \cdot m})$$

传递弯矩分别为

$$M''_{BA} = \frac{1}{2} \times 15.5 = 7.8(\ \mathrm{kN \cdot m})$$

$$M''_{DA} = (-1) \times 7.8 = -7.8(\ \mathrm{kN \cdot m})$$

$$M''_{CA} = 0$$

(4)求最终杆端弯矩。

$$M_{BA} = (-400 + 7.8) = -32.2(\ \mathrm{kN \cdot m})$$

$$M_{AB} = (40 + 15.5) \ \mathrm{kN \cdot m} = 55.5 \ \mathrm{kN \cdot m}$$

$$M_{AC} = 11.7 \ (\mathrm{kN \cdot m})$$

$$M_{AD} = (-75 + 7.8) = -67.2 \ (\mathrm{kN \cdot m})$$

$$M_{DA} = [(-25) + (-7.8)] = -32.8 \ (\mathrm{kN \cdot m})$$

$$M_{CA} = 0$$

（5）绘制弯矩图。

弯矩图如图 10 - 7(c) 所示。

10.2　用力矩分配法计算连续梁和无侧移刚架

上节中的各例题是以只有一个结点转角的结构说明了力矩分配法的基本概念。对这些具有一个结点转角未知量的简单结构，只需进行一次力矩分配便可得到杆端弯矩的精确解。对于具有多个结点转角但无结点线位移（简称无侧移）的结构，只需依次对各结点使用上节所述方法便可求解。

10.2.1　用力矩分配法计算连续梁

如图 10 - 8 所示的连续梁就有三个结点转角未知量。这时，用力矩分配法求解的一般步骤如下。

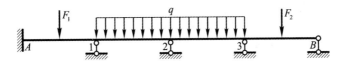

图 10 - 8　超静定连续梁

（1）将结点 1、2、3 同时固定，求各杆端分配系数。

（2）求各杆的固端弯矩和各结点的不平衡力矩 M_1、M_2、M_3。

（3）先放松第 1 个结点，其他结点保持固定。求结点 1 上各杆端的分配弯矩和对远端的传递弯矩。

（4）再放松第 2 个结点，其他结点保持固定。求结点 2 上各杆端的分配弯矩。这时需要注意的是，在结点 1 进行力矩分配时，已有传递弯矩 M''_{21}，传到杆件 2 - 1 的 2 端。此时结点 2 的不平衡力矩已不再是 M_2，而是 $M_2 + M''_{21}$，在结点 2 应以 $M_2 + M''_{21}$ 为不平衡力矩进行力矩分配和力矩传递。

（5）最后放松结点 3，其他结点保持固定。求结点 3 上各杆端的分配弯矩。同样，在结点 2 进行力矩分配时，已有传递弯矩 M''_{32} 传到杆件 2 - 3 的 3 端。因此，在结点 3 应以 $M_3 + M''_{32}$ 为不平衡力矩进行力矩分配和传递。

各结点轮流完成一次力矩分配和传递之后，结点 1、2 都不处于平衡状态，这是因为：结点 1 接受了结点 2 进行力矩分配时的传递弯矩；结点 2 接受了结点 3 进行力矩分配时的传递弯矩。1、2 两个结点出现了新的不平衡力矩，需重复步骤（3）～（5）的计算过程，进行第二次循环的力矩分配和传递。如此往复下去，新出现的不平衡力矩随循环次数的增加而减少，当不平衡力矩趋向于零时，求得的最终杆端弯矩也就趋向于精确解。实际上，一般经三、四次循环后，所得结果的精度就足以满足工程的要求。

最终杆端弯矩按下式计算

$$杆端弯矩 = 固端弯矩 + \sum 分配弯矩 + \sum 传递弯矩 \qquad (10 - 9)$$

式中：$\sum$ 分配弯矩和 $\sum$ 传递弯矩分别代表同一杆端在各次循环中所得分配弯矩和传递弯矩的代数和。

例 10 – 3   用力矩分配法计算图 10 – 9(a) 所示连续梁，并绘制弯矩图。

解：（1）求分配系数。

本题中所示连续梁有两个结点转角而无结点线位移。现将两个刚结点 1、2 都固定起来，计算转动刚度和分配系数。

杆件 1 – A 和杆件 1 – 2 的转动刚度分别为

$$S_{1A} = \frac{3 \times 2EI}{l} = 6i$$

$$S_{12} = \frac{4 \times EI}{l} = 4i$$

结点 1 上两杆件的分配系数分别为

$$\mu_{1A} = \frac{6i}{4i + 6i} = 0.6$$

$$\mu_{12} = \frac{4i}{4i + 6i} = 0.4$$

杆件 2 – 1 和杆件 2 – B 的转动刚度分别为

$$S_{21} = \frac{4EI}{l} = 4i$$

$$S_{2B} = \frac{3 \times 2EI}{l} = 6i$$

结点 2 上两杆件的分配系数分别为

$$\mu_{21} = \frac{4i}{4i + 6i} = 0.4$$

$$\mu_{2B} = \frac{6i}{4i + 6i} = 0.6$$

分配系数记入表中第一行。

（2）求固端弯矩。

$$M_{1A}^{\mathrm{F}} = M_{A1}^{\mathrm{F}} = 0$$

$$M_{12}^{\mathrm{F}} = -\frac{1}{12}ql^2 = -160 \text{ kN} \cdot \text{m}$$

$$M_{21}^{\mathrm{F}} = \frac{1}{12}ql^2 = 160 \text{ kN} \cdot \text{m}$$

$$M_{2B}^{\mathrm{F}} = -\frac{3}{16}Fl = -60 \text{ kN} \cdot \text{m}$$

$$M_{B2}^{\mathrm{F}} = 0$$

固端弯矩记入表中第二行。

（3）第一次分配、传递。

先单独放松结点 1，结点 1 的不平衡力矩为

$$M_1 = -160 \ (\text{kN} \cdot \text{m})$$

杆端分配弯矩分别为

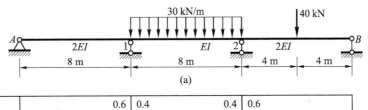

分配系数			0.6	0.4	0.4	0.6
固端弯矩			0	−160	+160	−60
1	放松结点1	0	← +96	+64 →	+32	
	放松结点2			−26.4 ←	−52.8	−79.2 → 0
2	放松结点1	0	← +15.84	+10.56 →	5.28	
	放松结点2			−1.06 ←	−2.11	−3.17 → 0
3	放松结点1	0	← +0.64	+0.42 →	+0.21	
	放松结点2				−0.08	−0.13 →
杆端弯矩		0	+112.48	−112.48	+142.5	−142.5 0

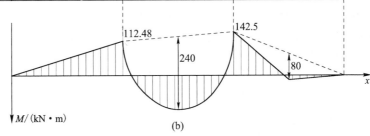

图 10 − 9   例 10 − 3 图

$$M'_{1A} = \mu_{1A}(-M_1) = 96 \ (\text{kN} \cdot \text{m})$$

$$M'_{12} = \mu_{12}(-M_1) = 64 \ (\text{kN} \cdot \text{m})$$

传递弯矩分别为

$$M''_{A1} = 0$$

$$M''_{21} = \frac{1}{2}M'_{12} = 32 \ (\text{kN} \cdot \text{m})$$

将以上结果记入表中第三行。

再单独放松结点 2，将结点 1 重新固定起来。这时，结点 2 接受了传递弯矩，其不平衡力矩为

$$M_2 + M''_{21} = (160 - 60 + 32) = 132 \ (\text{kN} \cdot \text{m})$$

分配弯矩分别为

$$M'_{21} = \mu_{21} \times (-132) = -52.8 \ (\text{kN} \cdot \text{m})$$

$$M'_{2B} = \mu_{2B} \times (-132) = -79.2 \ (\text{kN} \cdot \text{m})$$

传递弯矩分别为

$$M''_{B2} = 0$$

$$M''_{12} = \frac{1}{2}M'_{21} = -26.4 \ (\text{kN} \cdot \text{m})$$

以上结果记入表中第四行。

（4）第二次循环。

对各结点进行观察，在第一次循环完成之后，结点1已不处于平衡状态，因为它又接受了传递弯矩 $M''_{12} = -26.4 \text{ kN} \cdot \text{m}$，传递弯矩 M''_{12} 成为结点1的不平衡弯矩。不过这一不平衡弯矩已较原来的不平衡弯矩小得多了。

再次对结点1进行力矩分配和传递，结果记入表中第五行。

第五行中值为 5.28 kN·m 的传递弯矩又成为结点2的不平衡力矩。经分配和传递，结果记入表中第六行。

（5）第三次循环。

第三次循环的计算结果记入表中第七行和第八行。

可以看到，结点1的不平衡力矩已极小（ – 0.04 kN·m），计算可到此结束。

（6）求杆端弯矩。

杆端弯矩按式（10 – 9）计算，即将表中各行竖向代数相加为相应杆端弯矩。如杆件 1 – 2 的1端杆端弯矩按式（10 – 9）计算为

$$M_{12} = (-160 + 64 - 26.4 + 10.56 - 1.06 + 0.42) \text{ kN} \cdot \text{m} = -112.48 \text{ kN} \cdot \text{m}$$

各杆端弯矩记入表中最后一行。

（7）绘制弯矩图。

弯矩图如图 10 – 9(b) 所示。

最后说明一点，本题中第一次循环的计算是从结点1开始的，也可以从结点2开始计算。最好的做法是从不平衡力矩的绝对值最大的结点开始计算，这样能够较快地收敛于精确解。本题正是这样做的，因为两个结点固定后，$|M_1| = 160 > |M_2| = 100$。

例 10 – 4 用力矩分配法计算图 10 – 10(a) 所示梁的各杆端弯矩，绘制弯矩图，EI = 常数。

解：（1）简化处理。

右边悬臂部分的内力是静定的，若将其切去，而以相应的弯矩和剪力作为外力施加于结点 E 处，则结点 E 便化为铰支端来处理，如图 10 – 10(b) 所示。

（2）计算分配系数。

本题中所示连续梁有三个结点转角而无结点线位移。现将三个刚结点 B、C、D 都固定起来，计算转动刚度和分配系数。若设 BC、CD 两杆的线刚度为 $\dfrac{2EI}{8m} = i$，则 AB、DE 两杆的线刚度为 $\dfrac{EI}{5m} = 0.8i$。

杆件 BA 和杆件 BC 的转动刚度分别为

$$S_{BA} = 3 \times 0.8i = 2.4i$$
$$S_{BC} = 4i$$

结点 B 上两杆端的分配系数分别为

$$\mu_{BA} = \frac{2.4i}{2.4i + 4i} = 0.375$$

$$\mu_{BC} = \frac{4i}{2.4i + 4i} = 0.625$$

杆件 CB 和杆件 CD 的转动刚度分别为

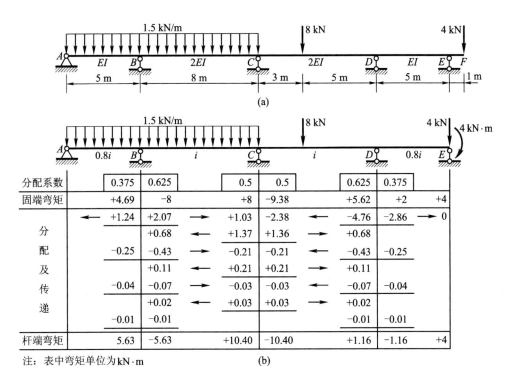

分配系数		0.375	0.625		0.5	0.5		0.625	0.375	
固端弯矩		+4.69	−8		+8	−9.38		+5.62	+2	+4
分	←	+1.24	+2.07	→	+1.03	−2.38	←	−4.76	−2.86	→ 0
配			+0.68	←	+1.37	+1.36	→	+0.68		
及		−0.25	−0.43	→	−0.21	−0.21		−0.43	−0.25	
传			+0.11	←	+0.21	+0.21	→	+0.11		
递		−0.04	−0.07	→	−0.03	−0.03	←	−0.07	−0.04	
			+0.02	←	+0.03	+0.03	→	+0.02		
		−0.01	−0.01					−0.01	−0.01	
杆端弯矩		5.63	−5.63		+10.40	−10.40		+1.16	−1.16	+4

注：表中弯矩单位为 kN·m

(b)

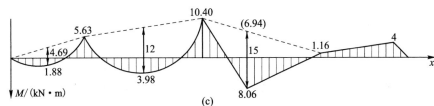

图 10 − 10　例 10 − 4 图

$$S_{CB} = 4i$$
$$S_{CD} = 4i$$

结点 C 上两杆端的分配系数分别为

$$\mu_{CB} = \frac{4i}{4i + 4i} = 0.5$$

$$\mu_{CD} = \frac{4i}{4i + 4i} = 0.5$$

杆件 DC 和杆件 DE 的转动刚度分别为

$$S_{DC} = 4i$$
$$S_{DE} = 3 \times 0.8i = 2.4$$

结点 D 上两杆端的分配系数分别为

$$\mu_{DC} = \frac{4i}{2.4i + 4i} = 0.625$$

$$\mu_{DE} = \frac{2.4i}{2.4i + 4i} = 0.375$$

分配系数记入表中第一行。

（3）求固端弯矩。

$$M_{AB}^{F} = 0$$

$$M_{BA}^{F} = \frac{1}{8}ql^2 = \frac{1}{8} \times 1.5 \times 5^2 = 4.69 \ (kN \cdot m)$$

$$M_{BC}^{F} = -\frac{1}{12}ql^2 = -\frac{1}{12} \times 1.5 \times 8^2 = -8 \ (kN \cdot m)$$

$$M_{CB}^{F} = \frac{1}{12}ql^2 = \frac{1}{12} \times 1.5 \times 8^2 = 8 \ (kN \cdot m)$$

$$M_{CD}^{F} = -\frac{ab^2}{l^2}F = -\frac{3 \times 5^2}{8^2} \times 8 = -9.38 \ (kN \cdot m)$$

$$M_{DC}^{F} = \frac{a^2 b}{l^2}F = \frac{5 \times 3^2}{8^2} \times 8 = 5.62 \ (kN \cdot m)$$

DE 杆相当于一端固定一端铰支的梁，在铰支端处承受一集中力及一力偶的荷载。其中集中力 4 kN 将被支座 E 直接承受而不使梁产生弯矩，故可不考虑；而力偶矩 4 kN·m 所产生的固端弯矩为

$$M_{DE}^{F} = \frac{1}{2} \times 4 = 2 \ (kN \cdot m)$$

$$M_{ED}^{F} = 4 \ (kN \cdot m)$$

固端弯矩记入表中第二行。

（4）轮流放松各结点进行力矩分配和传递。

为了使计算时收敛较快，分配宜从不平衡力矩数值较大的结点开始，本例先放松结点 D。此外，由于放松结点 D 时结点 C 是固定的，故可同时放松结点 B。由此可知，凡不相邻的各结点每次均可同时放松，这样便可以加快收敛的速度。整个计算详见图 10 - 10(b)。

（5）计算杆端最后弯矩，并绘制弯矩图如图 10 - 10(c) 所示。

10.2.2　用力矩分配法计算无侧移刚架

用力矩分配法计算无侧移刚架与计算连续梁的不同之处，只是在力矩分配和传递时，应将柱子考虑在内，所以书写的运算表格，比连续梁稍微复杂些。

例 10 - 5　求图 10 - 11 所示刚架的弯矩图、剪力图和轴力图，EI = 常数。

解：（1）转动刚度。

取相对值计算，设 $EI = 1$，

$$i_{BA} = \frac{4EI}{4} = 1, \ S_{BA} = 3i_{BA} = 3$$

$$i_{BC} = \frac{5EI}{5} = 1, \ S_{BC} = S_{CB} = 4i_{BC} = 4$$

$$i_{CD} = \frac{4EI}{4} = 1, \ S_{CD} = 3i_{CD} = 3$$

$$i_{BE} = \frac{3EI}{4} = \frac{3}{4}, \ S_{BE} = 4i_{BE} = 4 \times \frac{3}{4} = 3$$

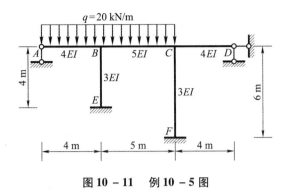

图 10 - 11　例 10 - 5 图

$$i_{CF} = \frac{3EI}{6} = \frac{1}{2}, \quad S_{CF} = 4i_{CF} = 4 \times \frac{1}{2} = 2$$

（2）分配系数。

结点 B

$$\sum S = S_{BA} + S_{BC} + S_{BE} = 3 + 4 + 3 = 10$$

$$\mu_{BA} = \frac{3}{10} = 0.3, \quad \mu_{BC} = \frac{4}{10} = 0.4, \quad \mu_{BE} = \frac{3}{10} = 0.3$$

结点 C

$$\sum S = S_{CB} + S_{CD} + S_{CF} = 4 + 3 + 2 = 9$$

$$\mu_{CB} = \frac{4}{9} = 0.445, \quad \mu_{CB} = \frac{3}{9} = 0.333, \quad \mu_{CF} = \frac{2}{9} = 0.222$$

（3）固端弯矩。

$$M_{BA}^{F} = \frac{1}{8}ql^2 = \frac{1}{8} \times 20 \times 4^2 = 40 \ (\text{kN} \cdot \text{m})$$

$$M_{BC}^{F} = -\frac{1}{12}ql^2 = -\frac{1}{12} \times 20 \times 5^2 = -41.7 \ (\text{kN} \cdot \text{m})$$

$$M_{CB}^{F} = 41.7 \ (\text{kN} \cdot \text{m})$$

（4）力矩分配、传递。

按 C、B 顺序分配两轮，计算如图 10 - 12(a) 所示。放松结点的次序可以任取，并不影响最后的结果。但为了缩短计算过程，最好先放松约束力矩较大的结点。在本例中，先放松结点 C 较好。

（5）作弯矩图如图 10 - 12(b) 所示。

（6）作剪力图。

取各杆段为分离体，用平衡方程求杆端剪力。利用杆端剪力可作每杆的剪力图。剪力图如图 10 - 12(c) 所示。

（7）作轴力图。

取结点为分离体，已知各杆端对结点的剪力，根据平衡条件求出各杆端对结点的轴力。轴力图如图 10 - 12(d) 所示。

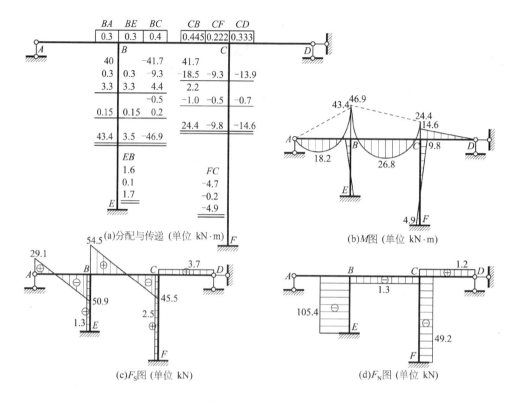

(a)分配与传递（单位 kN·m）

(b)M图（单位 kN·m）

(c)F_S图（单位 kN）

(d)F_N图（单位 kN）

图 10 – 12　例 10 – 5 图

10.3　无剪力分配法

10.3.1　概述

力矩分配法只适用于无侧移刚架或连续梁。因为若刚架的内部结点有侧移 Δ，则力矩分配法中的分配关系和传递关系均不能成立。有一类刚架，其内部结点虽然有线位移 Δ，但 Δ 可以不取作位移法的基本未知量，对这类刚架也可以求得类似于力矩分配法中的分配关系和传递关系，于是可以按照力矩分配法的格式进行计算，此即为无剪力分配法。

适用无剪力分配法的条件：若结构中只存在下列两类杆件，则适用于无剪力分配法。如图 10 – 13(a) 所示。

（1）刚架除两端无相对侧移的杆件外；

（2）其余杆件为剪力静定杆（即剪力只取决于外荷载）。

10.3.2　无剪力分配法简述

如图 10 – 14(a) 所示单跨对称刚架，可将荷载分为正、反对称两组，如图 10 – 14(b)、图 10 – 14(c) 所示。

荷载正对称时如图 10 – 14(b) 所示，结点只有转角，没有侧移，可用力矩分配法计算。

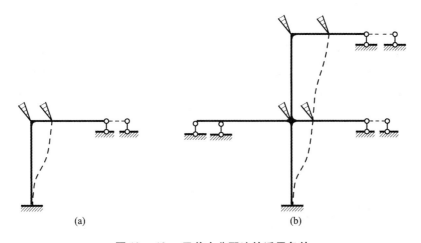

图 10 – 13　无剪力分配法的适用条件

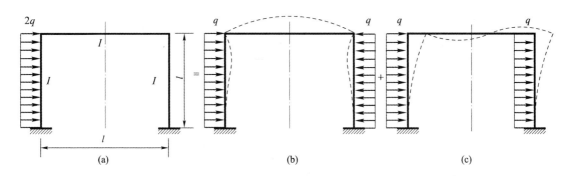

图 10 – 14　对称结构的分解

荷载反对称时如图 10 – 14（c）所示，结点有转角，还有侧移，要采用无剪力分配法计算。取反对称的半刚架，如图 10 – 15（a）所示。

横梁 BC：两端无相对侧移的杆件。

竖柱 AB：由于支座 C 无水平反力，其剪力是静定的，为剪力静定杆件。全部水平荷载与柱的下端剪力平衡。

（1）固定结点。加刚臂阻止结点 B 转动，不阻止其线位移，如图 10 – 15（b）所示。柱 AB 上端不能转动，但可自由地水平滑行，相当于下端固定、上端滑动的梁，如图 10 – 15（c）所示。横梁 BC 因其水平位移并不影响内力，相当于一端固定、另一端铰支的梁。

查表可得荷载作用下的固端弯矩和剪力：

$$M_{AB}^{\mathrm{F}} = -\frac{ql^2}{3}, \quad M_{BA}^{\mathrm{F}} = -\frac{ql^2}{6}$$

$$F_{SBA} = 0, \quad F_{SAB} = ql$$

（2）放松结点。结点 B 即转动 Z_1 角，同时也发生水平位移，如图 10 – 15（d）所示。当上端转动时柱 AB 的剪力为 0，处于纯弯曲受力状态，如图 10 – 15（e）所示。与上端固定下端滑动同样角度时的受力和变形状态完全相同，如图 10 – 15（f）所示。因而，可推知其劲度系数为 $S_{BA} = i_{BA}$，传递系数为 $C_{BA} = -1$。

结点 B 的分配系数为

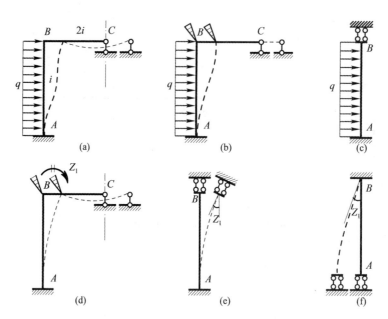

图 10 - 15   无剪力分配法的计算分析

$$\mu_{BA} = \frac{i}{i + 3 \times 2i} = \frac{1}{7}, \mu_{BC} = \frac{3 \times 2i}{i + 3 \times 2i} = \frac{6}{7}$$

力矩的分配与传递过程如图 10 - 16 所示。最后将固端弯矩与分配弯矩和传递弯矩叠加,得到杆端最后弯矩,并作弯矩图,如图 10 - 17 所示。

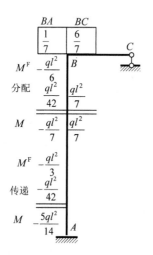

图 10 - 16   力矩的分配和传递

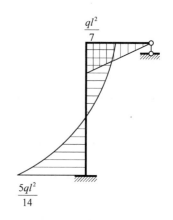

图 10 - 17   弯矩图

由以上分析可见,固定结点 B 时,柱 AB 的剪力是静定的;放松结点 B 时,剪力静定杆件(柱 AB)剪力为零,弯矩沿 AB 杆全长为常数。就是说,剪力静定杆件是在杆中原有剪力保持不变且不增加新的剪力(零剪力)的条件下进行弯矩分配和传递的,故称为无剪力分配法。

以上方法可以推广到多层刚架的情况。如图 10 - 18 所示多层刚架。各横梁均为两端无相对线位移的杆件,各竖柱均为剪力静定杆件,其分析方法与单层刚架的分析相同。

总之,在无剪力分配法中,固定各结点求杆端的固端弯矩时,是将剪力静定杆件(每一层的竖柱)看作上端滑动、下端固定的单跨梁(除承受杆身荷载外,杆顶端还承受上层传来的剪力)。放松各结点求各杆端的分配弯矩和传递弯矩时,对零剪力杆件,可把放松的这端看作固定端,另一端为滑动端。其计算步骤与一般力矩分配法相同。

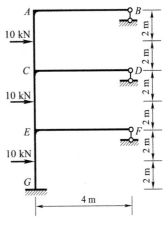

图 10 - 18   多层刚架

例 10 - 6   用无剪力分配法计算图10 - 19 所示刚架,并作 M 图。

解:(1)求分配系数 $i = \dfrac{EI}{4}$

结点 B $S_{BC} = 4i$,$S_{BA} = i$,$\mu_{BC} = 0.8$,$\mu_{BA} = 0.2$

结点 C $S_{CB} = 4i$,$S_{CD} = 3i$,$\mu_{CB} = 0.571$,$\mu_{CD} = 0.429$

(2)求固端弯矩 $M_{BA}^{F} = -48$ kN · m,$M_{AB}^{F} = -96$ kN · m,$M_{CD}^{F} = -20$ kN · m

(3)运算格式,如图 10 - 20 所示。

(4)作弯矩图,如图 10 - 21 所示。

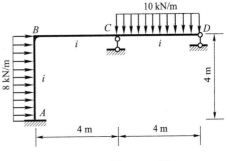

图 10 - 19   例 10 - 6 图

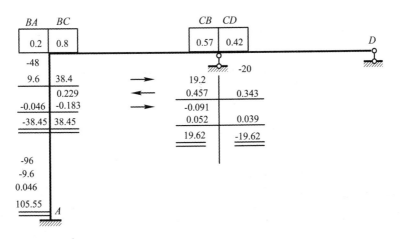

图 10 - 20   弯矩图(单位:kN · m)

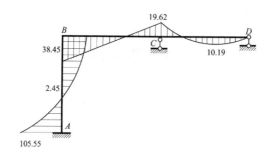

图 10 - 21　弯矩图(单位: kN · m)

例 10 - 7　用无剪力分配法计算图 10 - 22 所示刚架, 并作 M 图。

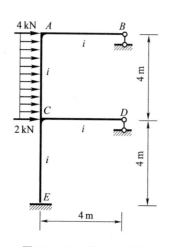

图 10 - 22　例 10 - 7 图

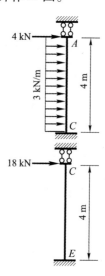

图 10 - 23　分层竖柱

解:(1)求分配系数　　$i = \dfrac{EI}{4}$

结点 A　$S_{AB} = 3i$, $S_{AC} = i$, $\mu_{AB} = 0.75$, $\mu_{AC} = 0.25$

结点 C　$S_{CA} = i$, $S_{CD} = 3i$, $S_{CE} = i$, $\mu_{CA} = 0.2$, $\mu_{CD} = 0.6$, $\mu_{CE} = 0.2$

(2)求固端弯矩, 如图 10 - 23 所示。

柱 AC　$M_{AC}^{F} = -16$ kN · m, $M_{CA}^{F} = -24$ kN · m

柱 CE　$M_{CE}^{F} = -36$ kN · m, $M_{EC}^{F} = -36$ kN · m

(3)运算格式, 如图 10 - 24 所示。

(4)作弯矩图, 如图 10 - 25 所示。

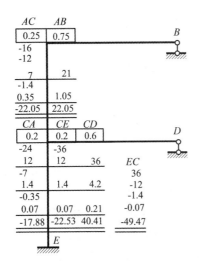

图 10 - 24　力矩的分配和传递（单位：kN·m）

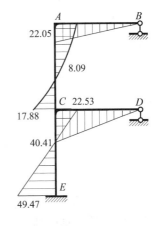

图 10 - 25　弯矩图（单位：kN·m）

10.4　超静定结构的特性及计算的基本方法

10.4.1　超静定结构的特性

1. 超静定结构具有多余约束

从几何组成看，多余约束的存在是超静定结构区别于静定结构的主要特征。由于具有多余约束，相应就有多余约束力，因此超静定结构的反力和内力仅凭静力平衡条件不能唯一确定，只有在考虑变形协调条件后才能得到唯一解答。

2. 整体性好，防护能力强，多余约束遇到破坏仍可维持几何不变

静定结构是几何不变体且无多余约束的体系，若撤除任何一个约束，它就成为几何可变的机构，从而失去了承载能力。超静定结构则不然，当通过合理撤除部分或全部多余约束后，它仍然为几何不变体系。与静定结构相比较，超静定结构具有较强的防护能力。

3. 超静定结构的刚度大，内力和变形分布比较均匀

在荷载、跨度、刚度、结构类型相同的情况下，超静定结构的最大内力和位移一般小于静定结构的相应数值。一般来说，由于超静定结构各部分的相互支承，它的内力和变形分布都较均匀，这种特性从结构设计角度来说是有利的。

4. 超静定结构在荷载作用下的反力和内力仅与各杆的相对刚度有关

静定结构的内力和约束反力只按静力平衡条件即可确定，其值与结构的材料性质和截面尺寸无关。超静定结构的全部约束反力和内力只按静力平衡条件则无法确定，还必须同时考虑变形协调条件，即各部分的变形必须符合原结构的联接条件和支承条件，才能得出正确的答案。因此，超静定结构的内力状态与结构的材料性质和截面尺寸有关。在荷载作用下，超静定结构的内力分布只与各杆刚度的相对比值有关，而与其绝对值无关

5. 超静定结构在温度变化和支座位移等非荷载因素影响下会产生内力，且内力与各杆刚

度的绝对值有关

对于静定结构,除荷载外,其他因素如温度变化、支座位移和制作误差等均不引起内力。但是对于超静定结构,由于存在着多余约束,当结构受到这些因素影响发生位移时,都会受到多余约束的限制,因而相应产生内力,而且内力的大小与各杆刚度的绝对值有关。一般来说,各杆刚度绝对值增大,内力也随之增大。

10.4.2　计算超静定结构的基本方法

计算超静定结构的基本方法是力法和位移法,它们通常都需要建立和求解联立方程,其基本未知量的多少是影响计算工作量的主要因素。因此,一般来说,凡是多余约束多而结点位移少的结构,采用位移法要比力法简便,反之则力法优于位移法。

力矩分配法是位移法的变体,它避免了建立和求解联立方程的工作,能直接计算杆端弯矩,适用于手算。在电子计算机被广泛应用的今天,它仍有一定的实用价值。

10.4.3　超静定结构中计算方法的合理选择

关于计算方法的合理选择问题,从手算和机算的角度看,观点并不相同。

下面主要从手算角度,针对不同的结构形式,说明计算方法的合理选用方法。

1. 超静定连续梁

对于刚性支座的连续梁,最宜于采用力矩分配法。弹性支座的连续梁,宜采用力法或位移法。

2. 超静定刚架

对于无结点线位移的刚架,可采用力矩分配法。无结点角位移的刚架,可采用位移法。超静定次数少而结点位移较多的刚架可采用力法。多层刚架可采用无剪力分配法、力矩分配法。

3. 超静定桁架

超静定桁架由于结点位移太多,宜于使用力法。

4. 超静定拱

对于两铰拱和无铰拱需用力法计算。

5. 对称结构

对称结构受任意荷载作用时,可以把荷载分为对称荷载和反对称荷载两部分。这时,在对称荷载和反对称荷载作用下的结构,可以采用各自适宜的方法进行计算。

10.4.4　超静定结构的变形曲线

在超静定结构的内力和变形分析中,已经更多地接触到结构受力变形后的形状问题。要确定杆件变形曲线的方程很不容易,在复杂情况下考虑结构的整体变形则更困难,但利用已经学过的内容,仍然有可能大致勾画出变形曲线的形状。除应首先正确绘制弯矩图外,还要注意以下几点:

(1)变形曲线必须满足结构的位移条件,包括支座对杆端的约束或已知的支座位移,保持结点处曲线的连续和变形曲线的光滑。

(2)变形曲线的凸向应与杆件弯曲的受拉侧保持一致。要注意弯矩图出现反弯点时,变形曲线上应有相应的拐点,其两侧受弯的方向相反。

(3) 弯矩越大,变形曲线相应部分的曲率越大。弯矩为零的杆段,其杆轴仍为直线。

(4) 结构变形时,同一刚结点上各杆端之间的夹角保持不变。各杆变形后原有长度保持不变。

(5) 在难以确定结构变形后的形状和位置时,计算(判断)某些结点的位移,有助于变形曲线的绘制。

本章小结

(1) 力矩分配法是渐近法的一种,适用于连续梁和无侧移刚架的计算。转动刚度、分配系数、分配弯矩、传递系数和传递弯矩都是在无线位移的前提下提出的。

(2) 力矩分配法以位移法为理论基础,将结构的受载状态分解为约束状态(固定结点)和放松状态(放松结点),分别求约束状态与放松状态下的杆端弯矩。二者叠加即为结构受载状态下的杆端弯矩。

(3) 力矩分配法的关键是如何确定放松状态下的杆端弯矩,为此必须明确以下三点。

① 约束状态相当于在受载结构上施加了不平衡力矩 M。M 可由约束状态下的结点平衡条件求得,放松状态是将不平衡力矩 M 反向加在结构结点上,是原结构受荷载($-M$) 的状态。

② 分配弯矩是放松状态下结点近端的杆端弯矩,分配弯矩由($-M$) 乘以分配系数求得,分配系数与杆端转动刚度成正比,所以,转动刚度越大,所获得的分配弯矩也越大。

③ 传递弯矩是放松状态下结点远端的杆端弯矩,传递弯矩由分配弯矩乘以传递系数求得。

(4) 结点放松后就处于平衡状态。但是,当结构有多个结点时,一个结点放松、平衡的同时,相邻结点获得不平衡力矩 —— 传递弯矩,这就破坏了相邻结点的平衡。所以,力矩分配法的计算要逐个结点反复地进行,直到每个结点的不平衡力矩都足够的小,精度满足工程的要求时为止。

(5) 无剪力分配法只适用于特殊的有侧移刚架。刚架中除两端无侧移杆件外,其余都是剪力静定杆件。基本运算步骤同力矩分配法一样。

思考与练习

10 - 1　什么是转动刚度?分配系数和转动刚度有何关系?为什么每一个结点的分配系数之和应等于1?

10 - 2　什么是固端弯矩?结点不平衡力矩如何计算?为什么不平衡力矩要变号后才能进行分配?

10 - 3　什么是传递弯矩?传递系数如何确定?

10 - 4　力矩分配法的基本运算有哪些步骤?

10 - 5　为什么力矩分配法不能直接应用于有结点线位移的刚架?

10 - 6　无剪力分配法的适用条件是什么?

10 - 7　用力矩分配法计算题 10 - 7 图所示连续梁的杆端弯矩,绘制弯矩图。

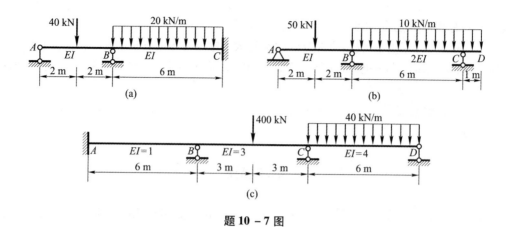

题 10 - 7 图

10 - 8 用力矩分配法计算题 10 - 8 图所示连续梁的杆端弯矩，EI = 常数，绘制 M 图、F_S 图。

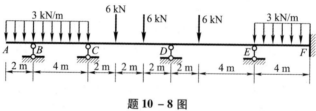

题 10 - 8 图

10 - 9 用力矩分配法计算题 10 - 9 图所示刚架的杆端弯矩，绘制 M 图，EI = 常数。

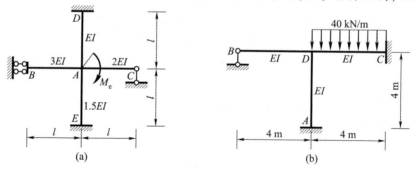

题 10 - 9 图

10 - 10 用力矩分配法计算题 10 - 10 图所示刚架的，绘制 M 图。E = 常数。

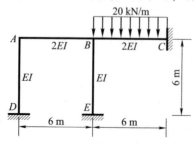

题 10 - 10 图

10 – 11 用力矩分配法计算题 10 – 11 图所示刚架的杆端弯矩,绘制 M 图。

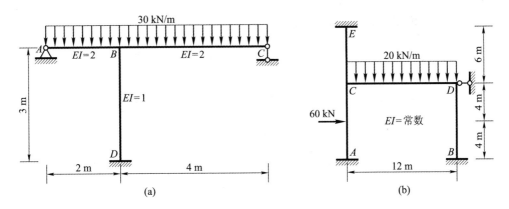

题 10 – 11 图

10 – 12 用力矩分配法计算题 10 – 12 图所示连续梁的杆端弯矩,绘制 M 图, $EI =$ 常数。

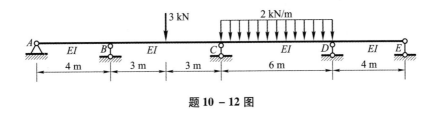

题 10 – 12 图

10 – 13 先利用对称性简化计算结构,再用力矩分配法计算题 10 – 13 图所示结构的杆端弯矩,绘制 M 图。

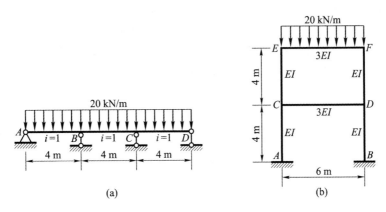

题 10 – 13 图

10 – 14 对题 10 – 14 图对称结构进行简化,再用力矩分配法计算杆端弯矩,并绘制 M 图。

10 – 15 用无剪力分配法计算题 10 – 15 图所示结构的杆端弯矩,绘制 M 图。

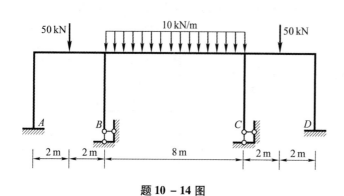

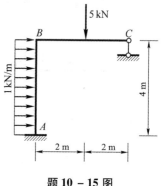

题 10 – 14 图　　　　　　　　　　　　题 10 – 15 图

参考答案(部分习题)

10 – 7　(a)$M_{BA} = 45.9$ kN · m ;

　　　　(b)$M_{BA} = 39.6$ kN · m ;

　　　　(c)$M_{AB} = 45.5$ kN · m, $M_{CD} = -308$ kN · m

10 – 8　$M_{CD} = -6.27$ kN · m, $M_{DC} = 7.14$ kN · m

10 – 9　(a)$M_{AB} = \dfrac{3}{19}M$;

　　　　(b)$M_{DA} = 28.4$ kN · m, $M_{DB} = 10.7$ kN · m, $M_{DC} = -39.1$ kN · m

10 – 10　$M_{CB} = 72.9$ kN · m

10 – 11　(a)$M_{BA} = 38.2$ kN · m ; (b)$M_{CE} = 104$ kN · m

10 – 12　$M_{CD} = -5.1$ kN · m

10 – 13　(a)$M_{BA} = 32.0$ kN · m ; (b)$M_{EC} = 28.7$ kN · m

10 – 14　$M_{BA} = 9.52$ kN · m, $M_{CB} = 41.54$ kN · m, $M_{CD} = 8.84$ kN · m

10 – 15　$M_{AB} = 6.61$ kN · m, $M_{BA} = 1.39$ kN · m

参考文献

[1] 龙驭球, 包世华. 结构力学(第 3 版)[M].北京:高等教育出版社, 2014.

[2] 崔清洋, 张大长. 结构力学 [M].武汉:武汉理工大学出版社, 2006.

[3] 洪范文.结构力学(第五版)[M].北京:高等教育出版社, 2006.

[4] 李前程, 安学敏等.建筑力学(第 2 版) [M].北京:高等教育出版社, 2014.

[5] 郑国栋, 肖湘.结构力学 [M].北京:中国建材工业出版社, 2014.

[6] 王振波, 乔燕等.结构力学 [M].北京:中国建材工业出版社, 2012.

[7] 龙驭球. 结构力学教程(第 3 版)[M].北京:高等教育出版社, 2012.

图书在版编目(CIP)数据

结构力学/张连英,戴丽主编.—长沙:中南大学出版社,2016.12
ISBN 978 – 7 – 5487 – 2651 – 7

Ⅰ.结... Ⅱ.①张...②戴... Ⅲ.结构力学 – 高等学校 – 教材
Ⅳ.O342

中国版本图书馆 CIP 数据核字(2016)第 304566 号

结构力学

JIEGOU LIXUE

张连英　戴　丽　主编

□ **责任编辑**	刘颖维	
□ **责任印制**	易建国	
□ **出版发行**	中南大学出版社	
	社址:长沙市麓山南路	邮编:410083
	发行科电话:0731-88876770	传真:0731-88710482
□ **印　　装**	长沙印通印刷有限公司	

□ **开　　本**	787×1092　1/16	□ **印张** 15	□ **字数** 365 千字	
□ **版　　次**	2016 年 12 月第 1 版	□ **印次**	2016 年 12 月第 1 次印刷	
□ **书　　号**	ISBN 978 – 7 – 5487 – 2651 – 7			
□ **定　　价**	35.00 元